时小小 ◎著

生命密码

公元前500年古希腊流传至今的

神秘命理学

吉林出版集团有限责任公司

图书在版编目（CIP）数据

生命密码 / 时小小著 . — 长春 : 吉林出版集团有
限责任公司，2014.10
ISBN 978-7-5534-5633-1

Ⅰ . ①生… Ⅱ . ①时… Ⅲ . ①数字 – 普及读物 Ⅳ .
① O1-49

中国版本图书馆 CIP 数据核字（2014）第 217549 号

生命密码

著　　者	时小小	
责任编辑	顾学云　奚春玲	
封面设计	书舟设计	
开　　本	880mm×1230mm　1/32	
印　　张	10	
版　　次	2014 年 11 月第 1 版	
印　　次	2014 年 11 月第 1 次印刷	

出　　版	吉林出版集团有限责任公司
地　　址	北京市西城区椿树园 15–18 号底商 A222
	邮编 : 100052
电　　话	总编办 : 010-63109269
	发行部 : 010-51582241
印　　刷	北京时捷印刷有限公司

ISBN 978-7-5534-5633-1　　　　　　定价　36.00 元

作者序

　　掐指一算，着迷于数字命理学居然已有13年了，真是时光飞逝岁月如梭啊！算起来这些年分析或者说是得罪（从我一贯的行事作风来看，后者的可能性更大一些）了的人数已然超过11万人。不得不默默感谢一下自己的交友广泛和不算太差的人缘，然后再感谢一下那些对我如此信任的朋友，正是因为你们的鼓励和支持，我才能进一步领会到生命密码的神奇和魔力。

　　这些年，从一对一的解析，到百人千人会场的互动，我收获了太多的朋友。看着你们从完全不了解到初窥门径，再到着迷。你们的热情，也让我更加深刻地领悟到数字密码的价值。"一分钟知晓性格，三分钟洞悉人生"，这句话，用在生命数字命理上真是所言非虚。

　　这，也是我下定决心出版这本书的主要原因——好的东西就应该分享，让更多人了解和运用。

　　话已至此，可是如果你希望接下来看到的是一本教你怎么"算命"的书，那么亲爱的，现在就把这本书放下吧，

001

这并是你的菜。你肯定不会在我这儿听到你想听的、爱听的话，你在这儿也找不到心灵鸡汤以及完美的全世界。数字命理学完完全全是另一个界面的话题，它远比所谓的"算命"复杂得多。

　　数字命理学最早出现在古希伯来人的生活和宗教当中，他们的密教卡巴拉巧妙地把数字带入了对于宇宙、人类和神的阐释与理解中，到后期更发展至把字母表上的字母和阿拉伯数字联系起来，成为数字命理学的渊源。代代相传之后被古希腊数学家毕达哥拉斯将之与哲学、心理学和精神学等完美统筹起来，形成了最初的"人生指南"——数字命理学。这位数学之父坚信"万物皆数"，认为世界上所有的事物都可由数字来解释。再进一步来讲，你所认知的一切都是由数字组成的，最终也可以简化为单纯的数字，这就是构成数字命理学的基础。数字命理学相信每个数字都有独特的共鸣频率及其特殊的属性和意义。这些属性和意义能够揭示一个人的行为，能够牵引出人格背后的潜在能量，小到面包口味的选择，大到人生际遇的面对，都会为你做出判断提供明晰而细致的参考。除此以外，它还回答了很多单靠星座、血型无法解释的问题。

　　对照你的生命数字，我可能专挑你最不愿意面对的角度剖析。这种风格让你不舒服？那你可以试试让自己从积极的角度去看待：通过数字命理学，你将看到你可能并不愿意面对的最真实的自己。你会发现其实人最难的不是与他人相处，而是与自己和谐共存。所以认识真正的自己，学会分析自己的行为模式，你最终才能拥有一个最符合实际的逻辑基础进而推测你每一个选择的走向……

有没有一种人生要开启无敌模式的感觉？读完这本书，我想你将拥有能力把事情的发展掌控在自己的期许中。数字命理学招人喜欢的地方还包括它会帮你撇开虚妄的想象，让你开始思索如何改变自己一直以来的惯性模式，如何改善你和父母、朋友之间的关系，如何在教育自己的熊孩子时，理性地做到，既不伤害你们美妙的亲情又能充分释放他们的天性。每个孩子都是那么独特的个体，对于带有不同性格和天赋的孩子，你得明白孩子是来帮你完成人生未了之梦的还是专门挑战你脆弱的自尊心和根本不存在的耐性。因材施教这件事，是你能让孩子获益终身的礼物，毕竟教育这事是无法重来的严肃的事情。

在这本书里，我会尽我所能地充分展示数字生命密码所体现出来的奇妙力量，我想抛开数字枯燥的一面，尝试用明了而客观的方法和简单实用的事例来帮你找到生命中的亮点和 BUG。当你决定以尊重的态度了解生命数字时，你最终一定会体会其中焕发出的奇妙力量，从柴米油盐酱

醋茶一直到琴棋书画诗酒花，任何事都并非出于偶然，而是由数字的影响和作用所决定。

顺便透露一个秘籍：最快掌握生命密码的方法就是边学边算，你可以先算你最熟悉的人，比如你的爹地妈咪，你的朋友、同事，或者你的伴侣、孩子，或者你家的七大姑八大姨都给算个遍。这样你就会很快发现生命密码又准又神奇，当然，你学业不精时，请记住莫要随便开口给人解析，只要在心中偷偷分析就好，否则容易引来不必要的口舌是非，或者被你的爹地妈咪暴揍一顿。

现在，你准备好开始了解生命密码的秘密了吗？欢迎你进入这个神奇的世界。

目 录

CONTENTS

第一章

了解命数画出命盘

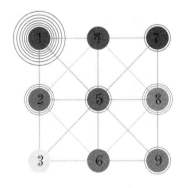

你的人生，在你出生的那一刻已被编上专属号码，并且会呈现出一张专属于你的命盘，这一切都和你出生的日期和时间有关，我们将这一系列的数字称为"生命数字"。想知道他们的模样，那么你需要掌握一套计算方法。

这套计算方法起源于古代欧洲。数学家毕达哥拉斯相信通过计算出生日期，就可以分析出一个人的先天潜能、个性及需要修正的个性，通晓其优势及弱势。他相信从 1 到 9 每个数字都有它特殊的意义。其实这套方法你也能通过学习来掌握，从此拥有一分钟读心的能力。

那我们的生命数字应该怎么算呢？只要把你的生日中出现的所有数字拆分成单一数字相加即可。

例1：1981年10月27日出生，计算方法为：1+9+8+1+1+0+2+7=29，加到二位时你会得到你的天赋数——29，此时，将它拆分后相加，2+9=11，得到仍然是二位数，请继续拆分后相加直到得到个位数，1+1=2，那么此人命数为2。

在开始计算自己的生命数字密码之前，有一个很常见的问题：

在中国，不少人习惯使用农历生日，那么在计算生命数字密码的过程中究竟该采用公历生日还是农历生日？如果因为历史原因，或者家中的习俗习惯，你身份证上的出生日期并不是你实际的出生日期，那你究竟该以哪个生日为准？

让我确切地告诉你，选你最常用的那个生日来计算你的生命数字。不要管是阳历还是阴历、身份证上的还是物理时间上的，明白了吗？

通过生日数相加得到你的命数之后，下面的内容可以初步帮助你进一步了解自己。

下面，我们来画出属于自己的命盘

将你的出生年月日、命数、生日数、天赋数和星座数等综合起来，将数字1-9分别竖式排列。然后依次将出现的数字分别画圈，出现哪个数字，就在哪个数字上画一个圈，比如1982年4月29日，就在1、9、8、2、4上画圈，有几个数字画几个圈，2和9因为各出现两次所以各画两个圈，此人命数是2，所以再在2上加一个圈，金牛座的星座数依然是2，那么再在2上面画一个圈……以此类推，数字重复几次就画几个圈，等到你画完之后，我们就可以直观地看出你哪个数字上的圈圈画得多，哪个数字画得少或者根本没有。接下来的工作就是……数圈。

你需要做的是：

第一，看哪个数字上的圈最多；

第二，看剩下的数字上各有多少圈；

第三，看哪个数字上没有圈；

第四，如果有三个相邻的数字上都画有圈，那么别客气，画上一条直线。

没有圈的数字：也就是俗称的空缺数，说明你不具备这个数字的能量，没办法选，那就是你天生不擅长的部分。想解决也容易，缺什么就补什么，哪方面有问题就注意点好了。

只有一个圈的数字：你具有该数字的基本特征，属于"点到为止"。

有两个圈的数字：特征表现稍强，但基本算是正合适。

数字上有三个或者四个圈：这个数字特征在你身上的体现相当明显，属于和命数一样的"决定性"数字。

数字上的圈达到了五个或者超过五个：这个数字在你身上表现出来的基本上就只剩负面影响了，负面到什么地步呢？就是感觉这个数字所有美好的那一面都和你无关，只剩那些附加的贬义的解释……

首先我们来了解一下每个命数所蕴含的意义。

第一节

独立和傲慢的 1 数人

关键词：个性化、独立性、成就感、创造性、乐观、自私、虚荣、

傲慢、控制欲

1代表太阳，能量的源头。太阳是古人最早膜拜的神祇之一，被视为生命之父。命数是1的人充满阳性力量，拥有冒险精神和开拓创新的魄力；在12星座中，与1对应的是白羊宫和摩羯座，代表诞生和自我意识。

好听点说，你秉性正直，勇敢又有力量，独立自主，特别乐观主动，怎么看都是一个领袖人物的未完成体，并且你也确确实实地一路向强者的方向靠拢，时不时仰慕仰慕前辈、呵护呵护弱者，一副正义使者的光辉形象。

然后说点你不爱听的：你就是定义"自私"的活体标本，自大，总觉得自己和别人不一样，特别喜欢抓住一点错误教训别人，一副先知的架势；特别虚荣，爱攀比，就算吃个汉堡都恨不得买个限量版的，然后举着到处溜达炫耀；死不认错，嘴硬！还喜欢掌控全局。大家都说冲动是魔鬼，你就是魔鬼的亲兄弟，你的字典里没有耐心这两字，只会创业不会守业，狗熊掰玉米的故事听过没有？别扭头看别人，说的就

是你！你最害怕被人无视，自尊大过天，要你做配角比整死你还难受。

命数是1的你，天生就有领导别人的能力，时时刻刻都好像打了鸡血一样精力充沛，明明不喜欢风险太大的事，但由于冲劲过足往往会给别人留下无所畏惧勇往直前的印象。无论怎么粉饰都无法改变你的勃勃野心——这种野心源自你的企图心，能帮助你克服许多BUG级别的困难。你这人吧，说好听就是勇于创新——都是解决问题，你总能捣鼓出和别人不一样的观点和方法，你对创造的兴趣远大于执行的过程，恨不得每件事都由你来开拓创新才好，然后幻想着自己能一手建立起一套以自己的方式运作的准则，哪怕只是在讨论"午饭是吃个炒饭还是汤面"这样的问题，最好大家都听你的，否则你就会感到焦虑。你最讨厌老板对你说"只要照我教你的去做就OK了"，难道他不知道你最厌恶重复吗？难道他看不到你身上金光闪闪地写着"创新"两个大字吗？

有道是"会哭的孩子有奶吃"，殊不知，那些人不过是还没遇到你，你秉持着"独立即王道"的人生信条，最看不惯的就是装傻充愣让别人帮自己出力的行为，即便嘴上不说，心里肯定也将对方贬到好几条街之外了。不过就是因为你的特立独行，你往往会吸引一大批艺术工作者或者是特别有个性的人。

你属于那种就算现在想吃方便面想得不得了，也绝对不会自己动手去煮的人，不是说你懒，而是你给自己的定位就是"王"，只负责决策和谋略，不屑于把精力放在细节和奔波上。你只需要施展天生的影响力，你的自信会让一大批追随者心甘情愿地为你跑来跑去，顺便说一句，你也确实很享受被追捧的感觉。

你的死穴就是"面子"，对你最大的惩罚就是彻底忽视你。你觉得"默默无闻"的同义词就是"失败"，你老是琢磨着怎么与众不同，太在乎被尊重和被关注，而想达到这一点的最好办法就是成为领导者。与钞票和权力相比，你更看重自己在团体中的地位，没办法，谁让数字1生来就是要当老大的

呢？但是亲啊，你要知道，关注你的目光越多，你承受的压力也就会越大，你有那个心理准备吗？

你这人最有意思的就是，虽然看起来总是一副高高在上、咄咄逼人的样子，但其实你的世界观意外地单纯，事情在你眼里不是好的，就是坏的，这种"一刀切"式的判断反而有助你迅速作出决定，这是领导力必备特质，不过比较极端的缺点也显而易见。不熟悉你的人第一次和你开会总会产生一种对你说"老大，你是不是戏剧学院毕业的啊，开个会，戏都那么足！"的冲动，这不能怪别人误会，实在是你不仅喜欢用戏剧化的方式去看世界，更喜欢用戏剧化的方式去表达——还不许别人有意见，一副"哥就是规则"的嘴脸超级让人崩溃。

你有大将之风，你有宽广的胸怀，你热心仗义，你大气豪爽……只不过那是在面对弱势群体或者追随你的人时才有的姿态，对于任何你看不上或者胆敢看不上你的人，你都采取傲慢蔑视的姿态。你身边总会出现几个马屁精角色，当然就算是阿谀奉承也需要有点段位，否则你也不喜欢。不过，别以为这些人真的就是折服于你出众的人品和惊人的美貌，醒醒吧，他们之所以这么热情地捧你臭脚，无非是因为他们有着"想要成为你"的心态。

既然那么自负就多读书多学习，个人的见识和眼界毕竟有限，想要领导他人必须不断充实自己，以保障你拥有傲视群雄的能力。

时刻记住要控制自己的暴脾气！暴脾气！暴脾气！尤其随年龄增长，为了不在暴怒中让自己的心脏和血压随时面临失控，还是克制一下比较好。

你遇到旗鼓相当的对手时，会不自觉地和对方拉出一段安全距离，然后想方设法一争高低。如果不巧正赶上你处于情绪和人生低谷，严重怀疑自我的时候，你就反倒会摆出超级嚣张的姿态。你的自负、死要面子不求人的德行，常常会让你陷入孤家寡人的凄凉境地。

命数是 1 的名人

美国国父——乔治·华盛顿

影视明星——霍建华

种族平等的斗士——马丁·路德·金

米老鼠之父——沃尔特·迪士尼

喜剧大师——查理·卓别林

好莱坞著名影星——汤姆·克鲁斯

第二节

富有美感却腹黑的 2 数人

关键词：关系、合作、浪漫、体贴、艺术气息、美感、可靠、平和、

无主见、超级敏感、自怨自艾、谄媚、肤浅、懒散、直觉

与 2 对应的是月亮，代表了女性气质，有着母性的力量。12 星座中，与 2 相对应的是金牛宫和水瓶宫，代表物质和资源。

身为命数 2 的你挺悲催的，因为这个数字本身就代表了一种纯天然的对立状态，比如：冰与火、阴与阳。但由于月亮在你的生命数字中起到的作用，所以很恭喜身为女孩子的你，会更加有女人味，但是小心不要过头，反而成为不招人喜欢的公主病患者。至于男生，通常容易被称为"娘炮"，当然也有可能你只是柔软了那么一点点，所以你得当心被别人不怀好意地问你性取向问题。你很懂得看别人眼色，超级胆小，超级没主见还喜欢四处埋怨，让周围的人有够烦！如果想让你闭嘴，只需要说一句话"这事，你来决定吧？"保证能让你闭嘴，想让你屈服也很简单，只需要大家都离开剩你自己独处，让你无依无靠你就尿了。

命数是 2 的你，就是个令人发指的细节控，这绝对和你敏感的天性有关，以至于从小到大别人一提起你就会本能地联想到"厉害"两个字。别误会，这不是说你有多么强的能力，而是说你天生就是个阴谋论爱好者，本来没有的事都能找出蛛丝马迹分析一番，然后一再质疑。老兄，你这么厉害却没被 FBI 收编，简直是世界级的损失啊！但是如果单就此方面下结论说你就是彻头彻尾的腹黑也并不准确，你知道凡事都有两面性。你能从看似最险恶的国际政坛中看出每种势力的分布并加以理解，说你不适合学心理学都没人信。由于过于敏感，你对负面能量的感觉也比一般人强上 100 倍，比如好朋友隔了两天没见你，然后见面的时候说了句"你这件衣服看起来好合身啊"，到你那里就自动翻译成了："几天不见你就肥了""天哪，你肥到穿衣服都紧绷了""你肥成这样还敢出来逛街？"等等。然后你就心生怨念，再然后开始不停地抱怨人家为什么说话这么难听，再然后就绝食减肥……拜托，你以为你是在演苦情剧吗？是个人就对你冷嘲热讽？社

会没那么阴暗好不好？阴暗的是你的心啊！你不要一边觉得坏人都有好的一面，一边觉得人太好绝对有问题好不好？你能不能不要这么分裂啊！而且你能不能不要因为担心得罪人就假装把"无欲无求"四个大字写在脸上？你内心戏那么足，诚实点好吗！你以为你演技高超人家就感受不到你的邪恶了吗？

其实你真的算是一个蛮好相处的人，因为你没什么野心，还特别喜欢配合别人，活脱脱一个山寨二当家的模子，在面对穷凶极恶又多疑的大当家时能做到既不喧宾夺主又不俯首帖耳，总能协调好所有人的关系，而且忠心耿耿。但以上这些真不是说你就没有野心了，而是你根本就不适合做老大，如果让你自立门户，要不了一阵子就会被当权派灭掉，主要就是因为你平时唯唯诺诺惯了，遇到屁大点的事就磨磨唧唧，拿不起放不下，分析来分析去抓不住重点。所以，你就踏踏实实地当你的绿叶去衬红花好了，当绿叶是当绿叶，千万别以这个为借口让自己事事依赖他人啊！你这人内心严重缺乏自信，说句话就得看别人眼色，这就造成了你有话不直说，从不直接表达内心真正的想法，表面装得波澜不惊，心里却腹黑到极致的行事方式。让你表达真实情感那是相当难啊，你会因为长期压抑不满而抱怨不休，甚至突然爆发，指桑骂槐大发雷霆，让人措手不及。你啊，果然还是适合走中庸之道呢。你最适应的是简单的人际交往，因为你的直觉力很强，对人、对事都能在第一时间判断个八九不离十，只是你，总会选择忽略自己的直觉。就这样，你与生俱来的天赋被你华丽丽地否决掉了……你喜欢追求所有和"美"有关的东西，外貌协会成员，喜欢全身心地享受生活，如果别人问你喜欢什么花，你会回答说"花钱的花"。

通常你也是搭配达人，随便一件抹布都能穿出自己的味道。偶尔也会为了体现所有风格，把自己打扮得五彩缤纷。你想过有品质的生活，对任何让你联想到穷、丑的东西你都厌恶得要死，想象力是你反抗社会的武器，音乐、电影等艺术是你放逐自己的手段。

但是，有空请定期清理一下自己的物品。许多东西随岁月流逝已经没有意义了。不要抱着回忆不放，放下，是为了更好的前进，定期清理房间，没用的东西请一定丢弃，让你的生活空间尽量简单干净空旷，尽量在你的生活中做减法，从生活空间到心灵空间。

花钱的时候别总觉得买打折特价商品是占便宜，遇到打折、团购就失控，回家拿个计算器算算，值不值？你屯那么多东西用得了吗？用得着吗？在这个问题上你真是屡败屡战百折不挠啊。

最后顺便给你一句忠告，2数人通常是抑郁症的高发人群，当你开始宅在家中害怕人群时，一定要强迫自己走出去，多晒太阳，度假尽量选阳光充沛温暖的地方。

命数是 2 的名人

美国第 40 任总统——罗纳德·里根

美国第 42 任总统——比尔·克林顿

英国王储——查尔斯·菲利浦·亚瑟·乔治·蒙巴顿 -

温莎（不过我们一般都喜欢称之为查尔斯王子）

著名音乐大师——沃尔夫冈·阿玛迪乌斯·莫扎特

流行乐鼻祖——麦当娜

第三节

乐观而虚荣的 3 数人

关键词：表达的能力、想象力丰富、幽默、活力、时尚擅社交、乐观、做作夸张、好是非、幼稚、逃避现实、唠叨、谎言、虚荣

数字3对应的行星是木星，象征幸运，是一颗积极乐观的星体。与3相对应的星座是双子宫，代表学习与沟通力。3数拥有数字1及2所生出的潜力，进而创造出更尽善尽美的事物。在许多宗教里，3数代表了灵性存在，例如在基督教，3数代表了圣父、圣子、圣灵三位一体，是权力与能量的极致汇合。

你聪明爱看书，喜欢所有新鲜的东西，对你来说，乐趣遍地都是。你这人说好听点是纯真，说不好听就是缺根筋。你的字典里没有"阴谋"二字，就算有也不知道什么意思，看所有人都挺好，你的乐天和无畏很大程度上也得益于这种少根弦的状态。有创意，特爱表达自己，所以你可以被称之为"社交花蝴蝶"，因为好奇心旺盛，所以你恨不得和所有的人类都有来往（记得小学时的观察课吗？他们就是被你观察的小白兔、小虫子……）。多才多艺？那是给别人的错觉，真正的你爱好挺广但精力超级分散，新奇感持续时间也短，知

道不少但全是皮毛，自己知道就算了，要是跑去跟别人卖弄，很容易误人子弟啊大哥！特别好为人师！有口才，讲的话无论真假，别人听起来确实是那么一回事，爱说、八卦，说话还不过脑子，你不得罪人谁得罪人？表面风风火火但内心自卑得要死，你分裂不分裂啊你。爱表现这点无可厚非，但是为了出风头就去夸大事实撒谎抄袭，这就有些说不过去了吧？还有你的情商只有1岁，任性也得知道收敛啊，一会儿High到极点一会儿又人生晦暗，自己不灵还看不得别人成功，忌妒不说还尖酸刻薄，颠倒是非，你简直极品啊！你最怕无聊或者是条条框框的限制。面对现实？对你来说基本不可能。

你最大的问题是，想要机遇。OK，机遇来了，你又挑三拣四地嫌弃太小Case，无法表现出你的绝顶才华，总觉得身边现有的都不是你真正想要的，身边的人离你的期望还差一大截，啰里啰唆地最后什么都没留住。当然这也和你内心深处认为自己不够厉害的自卑心有直接关系，你就是个被惯坏了的小屁孩，任性地活着。想对付你，就得让你首先确立一个梦想，想方设法鼓励你去实现，在此过程中让你尽情挥洒自己的创意、情感，然后等着你在执行过程中各种碰壁各种被限制。别抱怨，只有这样你才会明白社会有多么现实！

你口不对心，明明挺有创意的，却偏偏喜欢在人前说自己，"哎呀，我最没有创意啦"，然后你沟通能力又属上乘，就会使很多人信以为真，不是你虚伪，而是你真的好像少根弦一样觉得自己和别人没什么不同。但是无论从穿着、发型、交友、喜好上都可以看出来，你真的是颜控啊，永远都是从事物的表面来看待事情！你在意自己的外表就算了，为什么连交朋友也要看脸啊？你是在选美吗？你好歹也分出心来关注一下才华之类的吧！人家说你肤浅不是没有理由的。

3数的力量侧重于情感的表达，比如流畅地表达自己的关怀、热情、爱意，或者顺其自然地发泄怒火、怨气等等。喜欢什么就直说，讨厌什么也从来不掩饰，虽然口头槽蹋对方的时候给人的感觉就好像人家欠了你多少钱不还似的。这些对于良好的人际关系来说都是必不可少的，大家都会有种"你

023

心思单纯"的错觉，其实你就是超级任性！当然了，托好奇心的福，你能轻松地找到让自己开心的理由，这辈子都学不会的词就是"沉闷"。外表蒙人，比实际年龄小好几岁，爱好太广，又太容易分心，说你没长性都恨不得是在夸你。

你想法简单到令人发指，对复杂过敏，是个坚定的理想主义者，为了自认为的真理决不妥协，绝不能听到有人批评自己，也不接受"居然有人想来批评你"这一现实。一旦有人对你的看法提出异议，你欠抽的一面就会暴露，死不悔改对你有任何好处吗？你这么顽固招人厌，你知道吗？

就算是这么恶劣的性格，你也有令人羡慕的一面，比如你对文艺和时尚的敏感，接受新鲜事物的能力。可你周围的新鲜事实在是太多了，你就算再有灵气，这么折腾下来知道的也就是个皮毛。然后还总想着让别人觉得你知识渊博无所不知，于是乎，抄袭、撒谎、夸大这些坏毛病就开始在你思想里扎根……

3 数人是最爱说却不一定最会说的人，还特别好为人师，既然你这么好为人师，请踏下心来多读书，至少让自己滔滔不绝时言之有物。

你这样的性格，即使到了中老年，也是个周伯通式的人物，不是拒绝长大而是天性使然，说白了，就是不成熟！一个性情很孩子气的人是可爱的，可假如一辈子心智不成熟的话，只能让人呵呵了。

命数是 3 的名人

古巴前领导人——菲德尔·亚历杭德罗·卡斯特罗·鲁斯

悬疑大师——阿尔佛雷德·希区柯克

流行乐巨星——大卫·鲍伊

美国电视名人——比尔·寇司比

相声演员——郭德纲

第四节

稳重和狭隘的 4 数人

关键词：限制、秩序、服务、稳重、拒绝改变、自我保护、吝啬、

狭隘

数字 4 对应的天体是地球，作为已知的唯一存在生命的星球，地球放在这里就是"务实"的最佳注解。它对应的星座是巨蟹宫，代表情感与家庭。此外，十字架也是 4 的表现形式，代表了内敛、忠实和信仰。

你觉得人活着就得先吃饭，吃饱了才有力气去想其他的，这种想法是对的，但你吃着吃着就会把自己的人生目标定义为"一切，都为了吃饱"，这就尴尬了。吝啬拒绝改变，防范心理严重，不容易信任他人，擅长整理。循规蹈矩，最烦光说不练，但也坚决抵触别人的建议和批评，谁说跟谁急。给别人的印象就是"踏实可靠"，但是他们不知道，其实你特别没有安全感，一旦吃不饱就觉得天塌了，甚至为了保住眼前的一口粮食而拒绝走出家门。你看，很多电影里最终被时代抛弃的守旧角色，都是你血淋淋的写照。

命数是 4 的你，一辈子都在为自己的安全感奔波，要么

贪得无厌地掠取物质、爱情，然后自以为圆满；要么转而探索自身蕴藏的潜力，用尽全力构建自己的安全堡垒。孰高孰低一眼明了，毕竟自己的天分，自己的信心，自己给自己的安全感别人想抢都抢不走。让我们说得简单明了点，4数的人，要么是贪官、小三、小狼犬，要么是超级富豪。其实只要你想明白人生安全感的来源就是发挥自身的天赋，你绝对会拥有富足的人生。

你不愿意改变，不愿意承担风险，这是个挺难搞的问题。完全不接受新事物，完全不让自己改变，那么我想请问，你打算怎么跟上时代的变化？用想的？啊，对了，你连想一想的勇气都没有，说实话，顽固也得有个限度，不是什么事都会威胁到你的。

从好的一方面看，你真的非常踏实又稳当，让旁人觉得舒服、可信，因为你实事求是，没有那么多花花肠子，就算同样的事让你做一千遍，你也不会烦，顺便还会找出隐藏的问题防患于未然。你不是创意人才，你是让创意落地的人，你会结合现实改进那些天马行空的点子。

对你来说，完善事物本身就代表着构建一种安全感，你最让人忌妒的就是不用去耗时间、花金钱从无到有玩发明，只需要从现有的东西里挑拣几样就能达到别人一辈子都达不到的高度。你不会急于求成，反而在浮躁的社会中属于相当沉得住气的人，会在万事俱备的前提下再开始行动。经常有人夸你有"大将之风"或者是"高瞻远瞩"，殊不知，你就是单纯的胆小罢了，害怕丢了手里现有的饭碗得不偿失。你是实干家、工作狂，只要一开始顺利并且得到相应的物质回报，后面的工作都可以愉快地进行下去。再加上你觉得冒险、开创就是找死的同义词的保守特质，你没有当老板的命，但是当个幕僚还是不错的，当老板要大踏步开拓某些局面的时候，你这种老顽固会直接指出里面潜藏的风险，用古话说你就是虽打不了天下，但能守得住降城。

你这个人，极端害怕冒险，比如你笃信"多个朋友多条路"，从来看不惯美式个人英雄主义，觉得团体的力量才是无

029

坚不摧的。除了相信"群殴"比"单挑"更有破坏力之外，你还迷信秩序的能量，甚至这两个字本身就蕴含魔力。你是个魔鬼管理者，可以把乱成一团糟的场面轻轻松松归出条理，并且乐此不疲绝不懒惰，这点让所有人都不得不佩服得五体投地。你把所有人包括自己都限制在了一个个框子里，一旦出现变数，马上就会产生危机意识。你的脑子里只有"理性"两个字，一旦认准了路线就会一直走到底，不管是工作也好，生活也好。比如换工作、搬家这都是想都不用想的事，你还会夸张到不换手机、不换交通工具、不换餐厅……然后抱怨说手机不好用，开车太堵，饭菜越做越难吃。大哥，你有抱怨的时间不如换个新的，说完了又不愿意改变那就闭上嘴吧！

你的个人形象已经简化到用"谨小慎微"这四个字一举概括了，你别辩解说那是你特有的稳扎稳打的方式，你就是在计较，扪心自问，你是不是最害怕别人求你办事？办事之中最害怕别人向你借钱？因为你怕穷，所以会格外吝啬。想让你接受新想法，第一就是要给你大量的证据，第二就是给你足够长的时间去检验。只要你相信了，你就会转变成该事物的捍卫者，听不得一句指责和质疑，排外情绪相当严重，心胸狭隘的评价就是这么来的。

4 数人是抑郁症的高发人群，一定要学会变通和改变，改变，并不可怕，学着接受不一样的东西，多晒太阳，多运动。

最有趣的是，大部分 4 数人不信命，我遇到许多 4 数人一开始非常抵触生命密码，但一旦接受，特别狂热，遇到质疑反应非常剧烈。

命数是 4 的名人

英国前首相——玛格丽特·希尔达·撒切尔

美国汽车大王——亨利·福特

微软帝国掌门人——比尔·盖茨

永远的终结者——阿诺德·施瓦辛格

情歌王子——胡里奥·伊格来希亚

影视演员——张一山

第五节

聪明而情绪化的 5 数人

关键词：有创造性的自由、冒险、适应力、活力、探索、智慧、反

复无常、惰性、散漫、情绪化、不可靠

数字5代表了水星，思维敏捷，用轻松的态度面对一切。其对应的星座是狮子宫，代表快乐与创作。5数的代表标志是五角星，象征潜力。5是最富人性的数字，向往自由和无拘无束。

你最看不得的就是"守旧"，奋勇向前才是你的第一选择，你很少踌躇，想到了就去做，最难能可贵的就是你不是为了目的才去冒险，指引你冒险的是兴趣。只要你决定了，就很难受旁人干扰，你不会拒绝新事物，敢于突破自己，可以在多种不同职业之间游刃有余。你具有很强的说服力，而且真心认为，人生就应该去追求精彩的阅历，钱、权都不在你的梦想清单。你能接纳挫折、失败，但不代表你能接受压力，你面对压力扭头就跑的性格让人倍感恼火，这说明你缺乏责任心，浑身上下充满了惰性，总幻想有人帮你解决你不想解决的所有问题，而且你跳跃性思维老是用错地方，没办法做一件事情太久，所以你总是一事无成。口才好明明是你的优

033

势，但是如果你没脑子又偏激就很成问题了，自以为是又好辩，你说除了浮夸还能说你什么好？你是个偏执狂，不能听见反面意见，冲动、情绪化、自由散漫、随性而为，活脱脱一颗不定时炸弹，经常以一己之力毁了整个大局。"规矩"俩字怎么写，不知道！也不想知道！。

你总想摆脱束缚、逃避承诺，幻想着能随遇而安，但你面对现实要么就是散漫无常地晃荡，看似潇洒其实内心愁苦郁闷，要么找到了一个目标，拼命追逐事业上的突破和成功。平心而论，你很善于谈判，主要是因为你觉得说服别人达成目的这件事很有趣。你不适合做领导，领导意味着责任，你缺乏承担责任的勇气，就算你清楚地知道自己想要什么，也会犹豫再三撒手放弃，一旦遇到问题就会下意识逃避，因而会错失好多机会。然后你会发现限制依然存在，自由依然无望，这应该不是你想要的生活吧？你害怕做决定，是因为一旦选择就意味着要放弃其他可能性，放弃一种不确定的自由，但你有没有想过，越是犹豫不决什么都想抓到手里，到最后就越是什么都抓不住。

　　你的天性就是"做自己"，你觉得自己心智很高，多才多艺，所以纪律在你这儿绝对是用来约束别人的，和你没关系。你会因为一句"喜欢"而投身到完全陌生的领域里面去，同样也会因为一句气死人的"不感兴趣了"而扔下做了一多半的工作转身就走。你倒是号称喜欢挑战，一辈子就活在层出不穷的挑战中了，不停地换工作。你从来不觉得"没长性"是你的缺点，对你来说，体验不同的经历才是你肯定自我的方式，稳定不在你的字典里面。你的终极问题不是"to be or not to be"，是"我要"或者是"我不要"，为此你常会做出让人恨不得把你扔到精神病院的行为，其实你就是在反抗自己求之不得的人生罢了。要么像蛆虫一样死扒着人家，要么举着玩世不恭的牌子暗自咬碎一嘴牙。你怎么就不明白呢？真正的自由来自于自己的独立啊，亲！不管是物质的还是精神的，什么时候你才能明白，只有勇敢面对责任，付出牺牲，才可能实现自己的目标啊！你得看看书，少说话，多观察，

静下心来学习新事物，丰富自己的精神生活，这也能转化成为你面对困难时的勇气。

同学啊，你得明白最高的自律，才能换来最大的自由啊！

你根本就不懂什么叫"规矩"，也不明白"秩序"到底讲的是什么，听到"限制"的第一个反应就是"冲破"，你想自己主宰人生，最好不用上班，因为你的惰性实在是与生俱来。

你还有强大的拖延症，并且把自己有创意的天赋充分发挥在了找各种各样的借口上。你矛盾得不得了，眼高手低，想独立，可依赖心强。不喜欢挣钱，最喜欢花钱，爱好特别多，不是高品质的你还看不上。你不会规划自己，不安分，这一点常令你有戏剧化的经历。压力是你的死穴，会限制你的创造性，让你逆反，甚至会反过来变成你不负责任的理由之一。

你是伪装大师级人物，这不是说你充满恶意，因为你太害怕"默默无闻"了，在潜意识里觉得自己无所不能，简直就是一个闪亮的公众人物，这也是你为什么会时不时地做出很多不靠谱举动，根源就是你的虚荣心，你越缺乏自信就会越张扬越夸张。你很喜欢和不同的人交流沟通，你会衡量自己所说的每一句话，这让你和所有类型的人都能愉快相处。你风趣、口才好，能哄得大家开心，特别善于应酬交际——见人说人话，见鬼说鬼话形容的就是你了。你能获得别人的好感和信任，这个时候如果再耍点小聪明，就很容易快速积累财富。你不但对自己的自由很关注，还会关注他人的自由问题，所以也会出现挺身而出为他人争取权益。

你挑剔，从美食到工作，乐极生悲的结果就是暴饮暴食和变成工作狂。最有意思的是，你明明自己的问题一堆，却偏偏最擅长教导他人怎么样有效地掌控人生。

热爱辩论，任何时候任何地方只要挑起你的斗志，你会动用全身每一个细胞战斗，直到把对方辩的哑口无言，你才会得意洋洋地收兵，但问题是，有时候你的辩论对象没准是你亲妈，老婆……之后你会迎来无穷的副作用，但这依然无法阻挡你滔滔不绝的辩意！

命数是 5 的名人

新中国伟大领袖——毛泽东

美国第 16 任总统——亚伯拉罕·林肯

纳粹元首——阿道夫·希特勒

万有引力之父——艾萨克·牛顿

影视明星——安吉丽娜·朱莉

著名画家——文森特·威廉·梵高

第六节

负责任又爱多管闲事的6数人

关键词：平衡、责任、爱、同情心、承担、体贴、公正、奉献、苛刻、保守、嘴碎、多管闲事、自以为是

数字6的代表是金星，对美丽的事物爱不释手，是"爱"的完美注解。对应星座是处女宫，代表服务与奉献、圆满、爱的真谛和美。

你心怀大爱，就是一个行走在世间的"爱的天使"，爱是你生命的根本。善解人意是你的标签，让人如沐春风，无论你有多么远大的理想，家人都会摆在你心目中的最前端，你愿意为家人付出所有。你是个重视美感的人，对于所有和艺术有关的事都有独到的眼光。你无法容忍懒惰，很多人会当成是压力的约束反而会被你当做动力。你可以在奉献和收获之间取得微妙的平衡，但这种微妙也非常容易被打破。你最大的自私就体现在对别人付出之后希望人家时刻念你的好，而且最好是加倍还回来，一旦人家不顺你意，你就会抱怨人情冷暖，付出的时候老惦记回报，你说你不是虚伪是什么。还有，不是所有人都需要你老人家的丰沛爱心，你知不知道当别人不需要的时候你强加奉献对人家来说是多大的困扰啊，这叫爱吗？这叫自以为是吧？要是对恋人这样就更可怕了。滥好人的性格使得你随随便便就会给人家许下承诺，但是，大哥，承诺是要遵守的，干不了的事你答应下来我倒想看看你怎么回应人家！你看起来是绝对的大好人一个，但是有道德立场是你自己的事，拜托你别用这套去衡量所有人好吗？这样显得你很刻薄，懂吗？

　　你会因为很多和自己无关的事而痛不欲生。你总是忍不住去接近那些问题人士，感觉人家没你活不了，然后不断各种付出、各种奉献，直到自己殚精竭虑，更有一些6数人长时间忍受着心理疾病的折磨，纯粹是自找的！你但凡能在解决别人问题时捎上自己，结局就不会这么虐心。你不能总是看到别人有挫折就自动自发贴上去，拜托你至少等到人家开口请求帮助再飞奔而去，并且你最好确定人家这事在你能力范围之内，人只能为自己的人生负责，你帮不了人家一辈子。况且，你处处都伸一把手真的是为了别人好吗？你确定自己没有剥夺别人成长和学习的机会？身为6数人的孩子比较可

怜，因为，以爱的名义绑架你，你被绑得要窒息了却不能反抗！你得明白有句话不是白说的，那句话就是"可怜之人必有可恨之处"。你也许会说自己对旁人的问题感同身受，不忍心之类的，但是你心里明白自己为什么老是这样，因为你必须让自己感觉到被别人需要！当你全心全意为别人解决问题的时候，满心想的都是将来人家能怎么样怎么样感激你、爱你，你靠这个活着，这让你感觉好像抽大烟一样，欲罢不能。你真心欣赏那些有所成就的朋友，并且引以为傲，你的道义和亲和力让你轻易不会丢失朋友。

家是你的力量来源，亲人是你生活的全部，哪怕这个家并没有你想象中那么温馨，你依然会全心全意守护它，任劳任怨。在亲情问题上，你承担的责任有时候会超出自己的极限。你是非分明，区别好人坏人有自己的标准，你在意外界对你的评价，因此会下意识回避自己内心真实的想法。很多时候你付出不是为了纯粹的爱，而只是单纯地不想让别人戳你的脊梁骨，"我对他这么好，别人也说不出我什么了"是你的典型心态。

你热心过头的一面也并不是永久性的，假如你一味付出而得不到应有的回报，甚至都没有人说一声感谢，那么你就会在坚持多年之后终于开始会说"不"。但是此时旁人早已经习惯了你无论大小都付出的做派，猛一看到你的转变都会发出"变得好自私"的感慨，让你伤透心。没办法，这种没良心的举动都是你惯的，所以说，越早学会说不，你就越能活得开心点。你天生就懂得照顾他人、解决问题，所以你可以在很短时间内弄清楚哪个环节出了问题，也清楚地知道应该采取哪些步骤来解决，只不过当你面对的对象是"人"的时候比较麻烦罢了。你给人很强的安全感，真心实意地服务社会。

你永远都是个好听众，可以倾听旁人对你的诉苦，可又无法消化这些负面信息，所以悲观消沉是你最常有的情绪。你觉得自己必须照料别人，别人有事也会就来找你，让你忙得停不下来，你认为这是你的价值体现。你可以站在对方的

角度去思考问题，劝说别人——前提是你的观点正确积极，否则你就会沦落为可怕的歪理邪说，被人唾弃。你不诚实，明明内心挑剔至极，无法容忍别人的缺陷，还积压了诸多不满，却偏偏用"各有各的生活方式"来掩饰自己，让自己时刻看起来都有如大善人一般闪亮。你善于自嘲，无法面对自己的缺陷，更不允许别人批评，你随时准备为别人牺牲，但事实上，你才是应该被拯救的那个！

6 数人一定要学会说不！一定要学习帮助别人的基本原则是：对方求救，才能施以援手。否则大家都尴尬。

6 数人的另一半通常脾气都不太好。大概因为 6 数人抱着我不入地狱谁入地狱的崇高想法吧。

命数是 6 的名人

英格兰玫瑰——戴安娜王妃

美洲大陆的发现人——克里斯多夫·哥伦布

发明大王——托马斯·爱迪生

电影大佬——斯蒂芬·斯皮尔伯格

著名乡村歌手——约翰·丹佛

影视明星——李晨

第七节

博学又冷漠的 7 数人

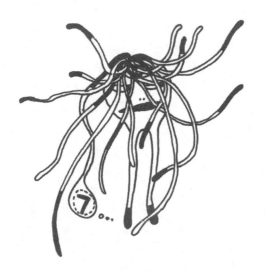

关键词：分析、博学、有深度、求知欲、直觉、幸运、自负、疑心

病、孤僻、冷漠、距离、没有同情心、阴暗

数字 7 对应的星座是海王星，散发出令人难以抗拒的神秘感，有流浪作风，好思考。对应的星座是天平宫，代表合作与婚姻。7 数一直有一种灵性上的含义，代表对真理的热爱。

你这人有很强的分析能力，看问题从不看表面，而是习惯性地去探究背后的意义，这使你总有出人意料的见解。你不会轻易相信结论，你需要证据、实例、观察、总结，大众已经认可的言论到你这里基本没什么可信度。你喜欢通过自己的经验去总结答案，你觉得书本上的知识都是别人玩剩下的东西，埋头研究的工作最适合你，因为你需要不停地提出质疑，任何规定好条条框框的工作只会毁了你。但是你也得明白，虽然你看问题的角度比较犀利，但不代表你就比别人深刻，为此看不起这个瞧不起那个，一副全世界我最聪明的欠抽样，就只有被人冷落的份儿。最怕的是你即使被人冷落被世界抛弃也一副满不在乎的样子，只愿意沉浸在自己的世

界里，为自己的聪明沾沾自喜，认为这世界上没人比你更牛了，恨不得天天对着镜子给自己磕头。自恋的结果就是，你太相信自己的判断和逻辑，拒绝一切他人的建议，看起来坚决，实则是不自信导致的盲目顽固，因为你最害怕的就是"这世界上居然还有爷不知道的事"，怕到极点就只好拼命抵触"我确实不知道"这个事实，够纠结。

你其实特有邪恶军师的潜质，在你对别人施加影响的时候最喜欢干的事就是侵犯、瓦解别人的精神防御，活脱脱的反面谋士形象。而且你疑心病泛滥，以至于随便一个事摆在面前你都是满眼的不信任，总觉得世界上没什么事是干净的，全都有不可告人的肮脏小秘密……拜托你能阳光点吗？你这么阴暗以后怎么跟大家愉快地相处？你都这样了不孤僻才有鬼，躲在角落里自我欣赏就好了，但糟心的是，你偏偏没办法让自己彻底孤独起来，总还惦记别人的眼光，闹心不闹心啊！

你啊，让你做个决定简直就像是要你的命，一方面你会被数不尽的细节绊住脚，另一方面就算你看清了现实仍然可能因为不喜欢而拒绝接受。你脖子再长点就是一只鸵鸟，人生必需品排第一的就是个土堆，随时准备把脑袋扎进去。你知道吗，就算你把头扎进去了屁股还露外头那，现实中的问题仍然摆在那里，而且没准情况会越来越严重，直至难以收拾。你得明白，虽然7号称是幸运之数，但是再好的运气也不能让你仰仗一辈子，"种瓜得瓜，种豆得豆"的道理你听说过，可你没听说过"啥也不种就长出大西瓜"来吧？勤奋务实才是王道！总是想不劳而获，迟早会把自己耗干；或者你早一点认识到努力的重要，又勤奋又认真，一有机会就牢牢抓住，在工作感情中恰如其分地运用自己的分析能力，没准会左右逢源。你不喜欢变化，比如换工作、分手之类看起来挺严肃的事，要你下决心简直痛苦死你了，但是一旦下了决定，就表示你再也不会更改。

你生来好奇，觉得事情肯定不像呈现在你眼前这一幕这么简单，所以你总是充满疑问。你会第一时间注意到错误所

在，你喜欢评论，并精于此道，你觉得直接指出对方的不足和错误再正常不过了，完全不管人家是否能接受，然后你就会发现大多数时候你不得不一个人工作——你才不介意呢，甚至乐在其中。你沉溺于对未知世界的探索之中，越是科学无法解释你就越有兴趣，而对一些已经被广泛肯定的学说你却反而充满怀疑和攻击。你不相信任何人，喜欢挑衅权威，觉得填鸭式教学就是无聊和肤浅，你讲究逻辑，有时候甚至是吹毛求疵。你对自己的洞察力感到骄傲，喜欢将问题层层剥离直指核心，你直觉超强；但却选择忽视，因为没办法验证它的准确性，你有没有想过，没准最贴切的答案就是你当初闪现的灵感呢？你的脑子里感性和理性时常天人交战，这会让你极度不安，让你对眼前的事产生不信任的情绪，其实你不信任的就是你自己。碰到这种时候，兄弟，你最好放松，深呼吸，要知道，所有事的根源都是简单直接的，没有什么所谓的标准答案等在那里。

你有自学的天分，很多东西都是无师自通，凭着兴趣就能学出门道，成为专家。悟性好这件事谁都拿你没脾气，但你顽固这件事就不好说了，你总不能推出个理论就指望我们拿它当真理吧，反正你就是会为了"你认为"的事情抗争到底，甚至不惜搬出权威——尽管你自己就是反权威的代表，这让你的立场有点可笑。就算你也开始怀疑自己，但是在新的结果没出来之前你仍旧会死撑着不松口，除非大量证据表明，你就是错了。但你也不会否认自己之前的观点，反而会狡猾地重新定义自己的答案。只允许自己怀疑别人，不允许别人怀疑自己，除了偏执还能说你什么？你就是个冷漠到骨子里的自私鬼！

你总能在关键时刻化险为夷，运气好到不敢相信，这点可以让你的成功来得比别人轻松很多。如果你误以为一辈子都可以这么幸运的话你就等着天上下猪吧，好吃懒做迟早会把自己搭进去。你缺乏实干精神，想得多做得少，经常在精神世界和现实世界之间挣扎不已，不甘于平凡又不屑于埋头苦干，除非你能找到一件事，既满足你精神上的需求，又可

以给你丰厚的物质回报，这样你投入的兴趣还会大一些。只要不是自以为是，你受骗的概率是零。你常常会身兼多职，但是与哪一个环境都格格不入，不怪人家，只因为你总是摆着一张挑剔、清高、自负的脸，有人缘才怪！

7数人，大多自带冰冻带，兹一出场，立马让现场温度下降，一副洞悉世界唯我独尊的模样，真是虐心啊！特别擅长利用他人，且通常用得不露声色，在这点上，段位相当高！

命数是7的名人

美国第35任总统——约翰·肯尼迪

英国前首相——温斯顿·伦纳德·斯宾塞·丘吉尔

音乐巨人——路德维希·凡·贝多芬

音乐人师——弗雷德里克·弗朗西斯克·肖邦

性感宝贝——玛丽莲·梦露

功夫巨星——李小龙

影视明星——李易峰

第八节

勇敢又势利的 8 数人

关键词：物质上的满足、勇敢、果断、能屈能伸、有魄力、洞察力、

同情心、易怒、虚荣、权力欲、势利、投机、攀比、唯利是图

数字 8 对应土星，拥有强烈的个人价值观。8 对应的星座是天蝎宫，代表再生和继承。8 数还有一个代表标志：无限循环符号，8 数象征永不止息的循环更新。

你属于实干家类型，想到就会去做，但前提是有利可图，什么兴趣、爱好到你这里都说不通。你不喜欢冒风险，与其去闯荡不如直接借鉴经验，否则经验是拿来干嘛吃的？你就是个钱串子，对你来说成功的人生就是拥有很多很多钱，你喜欢理财，财也喜欢理你，你们简直一拍即合。你虽然讨厌冒险但是并不畏惧挑战，做事不小家子气，能吃苦能享福，越挫越勇，这和你的上进心是分不开的。你不甘心一辈子只做打工仔，做梦都想当领导，你的动力来自于不想忍受压制，不想被忽视，不想被人可怜的心理，再大的不满到你这里都会变成前进助力，这是你最大的优点。其实往深层次说，你人挺好的，你赚钱不是为了看，而是为了花，为帮助别人而花钱也是你的乐趣，所以你人缘还不差，稍微善良有道德点就会攒下不错人缘。

你不喜欢过程，最看重结果，最希望有一天醒来能不劳而获。你不信任别人，能抓在手里的绝对不放别人那儿看着，你觉得别人只要听你的安排就好了，别说那么多废话，逼急了你就开始暴跳如雷。要是失败了别赖别人，全怪你自己的人品。如果你此时处于人生的最低谷，你会把物质看得很重，觉得这是成败标准，你会把钱当作炫耀自己的一种资本。你还有个问题就是会盲目跟风，为了达到目的不惜使用很多下三滥的手段，但你不在乎，对你来说成功最重要，这样一来，你就很容易招人烦了。

你对有潜力的东西很敏锐，并且会在第一时间挖掘出来收归己用。你有没有想过其实要想办成一件事最先应该充实的是自我，如果你能把各种想成功的心思花一半用到充实自我上，这样反而靠谱些，光等下去是没有用的。你有许多梦想和欲望，尤其希望能在金钱上早日独立，但是不知道为什么，你总是不愿意把自己的梦想目标坦白，难道是因为觉得

丢脸？你对别人不诚实，对自己也不愿意坦率，甚至会欺骗自己接受一些你并不喜欢的事物。你不惧怕风险，可以为了成功不计一切代价。网络上有很多不惜抖胸露奶傍大款的女明星都是 8 数人，你就是这种会为了名利无下限的人，虽然很多人看不惯你的人品，但同你交往起来倒都还轻松愉快。你天生有领导能力，而且通常都是野心爆棚的那种，赚起钱来没够，你特看不惯"懒"这件事，如果一个项目的进展很慢，平时亲和的你就会瞬间强硬起来。你对市场有一种奇妙的嗅觉和洞察力，能够准确地把握市场需求，所以如果你好好发挥自己的强项，当个成功的商人还是很 easy 的，而且白手起家给你的感觉会超好。

你值得大家信赖，但这不代表你诚实，你是实干型，从来不屑于没有把握的事，你看似常常被欲望和贪婪牵着鼻子走，其实，你只不过是用钱来满足自己的精神需求罢了，那些东西只是你成功的一个证明。这种企图心会让你世俗得不得了，浑身上下都是"急功近利"四个大字，投机取巧是强项，不管自己是否真的需要，拿到手里再说，贪婪的嘴脸直接暴露。欲望是你的动力，也会成为你最大的绊脚石。你是那种好人里的坏人，坏人里的好人，端的看你面对的是什么事，比如赚钱吧，只要贪劲一上来，坑、赌、设陷阱、做假账、贪污受贿这些不入流的手段你统统无师自通，为了自己害一下别人又能怎样？等被抓的时候你就知道了。不要轻易相信8数人的话，首先你得了解他的目的。

8数人的成长中德行尤为重要，你得记住：做一个正直的人，只有用努力、勤奋和耐心才能最终获得你想要的结果。懂得感恩对你没坏处，至少当你真诚起来后就会发现其他人也会真诚对你，之后，才有可能顺畅地实现更高的目标。

057

命数是8的名人

立体主义巨匠——帕布罗·毕加索

美国国务卿——希拉里·克林顿

美国前第一夫人——南希·里根

好莱坞著名影星、玉婆——伊丽莎白·泰勒

瑞典著名女星——英格丽·褒曼

好莱坞著名女星、制片人——芭芭拉·史翠珊

影视明星——范冰冰

第九节

博爱而软弱的 9 数人

关键词：无私、博爱、人道主义、高尚、正义、灵性、惰性、妄想、

消极、软弱、不现实

数字 9 对应的是火星，积极、冒险、热爱成功以及锲而不舍，是理想主义的代表。它对应的星座是射手座，代表对宗教哲学的追求。

你怀着与世无争的心，不出风头不搞怪，永远是人群里最不起眼但让大家都舒服的那个。热衷环保、乐活、素食等等与自然为友的活动，这让你显得特别具有大智慧。你期望人人都能纯净待人，爱护动植物，你就算不信教看起来也是一个信徒的样子，因为你会从自己相信的东西里获得动力和勇气。你不愿意面对人的阴暗面，但又忍不住去寻找，你不敢想自己身上也会有这么多"罪恶"，你越觉得自己问题多，就会越无私，好让别人觉得你是个完美的人。你没有勇气去面对世界，说白了，就是胆小，很容易为了追求心灵宁静而被有心人利用。你喜欢盲从、沉溺，被誉为"最受邪教欢迎人士"。你搞不清向往平静和懦弱不争的区别，别人还没来得及打击你，自己就先把自己打趴下，这就是你。

　　你得学会别老想着一味取悦于人，如果真的连自己的权益都不去争取的话，你拿什么去帮助其他人？上天给你灵性、给你慷慨、给你善良是让你感动别人的，不是让你豁出自己替别人铺路的，你有没有自己的梦想？有的话就好好经营，务实一点比什么都强。

　　你就是一个圣徒、慈善家、人道主义斗士，觉得让世界大同、人间和平友爱就是你此生的任务，所以你经常被人利用，付出一切结果一点回报都没有。你要知道"授人以鱼不如授人以渔"，搭钱搭工又搭料不如从改变别人的认知开始，从心理角度启发别人，比如你希望帮助流浪汉，与其每天见面给他一块钱不如鼓励他学习一门技能。你喜欢让人感觉被你照顾得无微不至，能不能解决人家的问题再单说。你耐力惊人，永不放弃。

　　9数人大都多才多艺，觉得天底下没有什么事是不可能的，并且真心希望梦想成真。你是个写故事的好手，剧本、小说、童话……信手拈来，因为那些创意在你梦想计划的面

前简直不算什么。你的梦想近乎天马行空，因此也常常招来别人的批评，你会非常生气，因为你觉得有很多事这些人根本不懂，只有你知道。你觉得当你行善的时候，神灵会陪伴在你左右，庇护你，但是现实往往并非如此，因此你活得格外艰难。

你对别人的求助信号绝对敏感，看见了就绝对不会置之不理，你会单纯地为了帮助别人而帮助别人，这一点常人绝对做不到。不过，你没有那个能力分析出别人问题的根源到底在哪儿，因为什么而痛苦，你能做的顶多就是给一个熊抱，送点安慰罢了。正因为你如此迟钝，很多人都会用这招来哄骗你来承担你能力范围之外的事。你也有强硬的一面，这一面只体现在你对待自己的人生规划的时候。你不是不喜欢钱，你也想赚人钱，但就是越追越追不到。只要你索性放弃这种想法，单纯地继续按照自己的初衷去助人，钱反而会自己送上门来。

你没自信，却十分在意自己的好名声，总充斥着深深的罪恶感，以至于成天小心翼翼地遮着盖着，生怕一个差错就毁了自己的"善人"形象，哪怕自身难保也得想办法帮别人一把。你不懂拒绝，容易受旁人影响，总是忽略眼下的生活，你就是活着的"为人民服务"这句口号，看谁都像小可怜，无私而心怀美德，给予就是你灵魂深处的烙印。但当你没有弄明白什么是"爱"的时候，你可能会觉得"助人为乐"就是一种压力，明明不喜欢还要去做，这就叫做虚伪了。你天真到只能用"傻"来形容，这也是邪教为什么特别喜欢找上你的原因。你喜欢帮人做事，但只要做不到就会产生很深的罪恶感，如果不做，你在脑海里就会出现所有人指责你冷漠、没人情味的画面，而且你一辈子都活在这种被动中。你最怕好心办坏事，偏偏你还常犯，动不动就制造狂热气氛，跟着谬误狂奔，拽都拽不回来。

9 数人通常和宗教的缘分比较深，在宗教和音乐中比较能找到心灵契合度很高的朋友。

命数是9的名人

南非前总统——纳尔逊·罗利赫拉赫拉·曼德拉

印度国父——莫罕达斯·卡拉姆昌德·甘地

美国作家——厄内斯特·海明威

猫王——埃尔维斯·普莱斯利

歌手——薛之谦

第二章

展现你生命能量的生日数

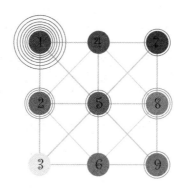

读完第一章，你可能发现了前所未知的自己。然而，生命数字的奥秘远不止如此。

接下来，你可以了解你的"生日数"。

于我而言，它是除命数之外最重要的一个参考部分！了解了命数之后，你一定会有一个疑问，为什么全世界那么多命数相同的人，实际的生活轨迹和生活方式却完全不一样呢？因为，即使拥有同样的命数，我们彼此之间仍被不同的时间所主宰，在不同的生日数影响下，你我对待同一事物的看法与做法也大相径庭。在命数定出的主旋律的基础上，你的生日数就像一个个轻快的颤音和花腔，展现出独特的能量。接下来，你可以看看自己的生日数会告诉你什么。生日数，其实就是以月为单位按照每个人的出生的日期，在命数的基础上做再次的归类。

第一节

唯我独尊的 1 号人

如果你出生于每月 1 日、10 日、19 日、28 日，恭喜你，你是位唯我独尊的 1 号人。

你就是想当老大，这几个字已经犹如诅咒般刻到了你的脸上。你比较容易过分地以自我为中心，比较缺少耐心，但是你的先天条件确实良好，遵从自己的原则，坚定目标决不回头，还往往拥有与之相称的体力。强势既是你的缺点又是你的魅力所在，建议你可以适当地对别人和颜悦色点儿，试试没坏处。

1 日出生的 1 号人

意志力坚定恐怕是你最大的优点了。你干一件事恨不得从上到下里里外外全都一手掌握，否则就觉得不踏实，程度接近强迫症，对于别人完成的事要反复检查好几遍才行，给人一种"谁也不相信""大事小事绝不放手"的感觉。你不喜欢说大话，觉得那都是吃饱了撑得没事干。你实际得很，对于不懂、不会的事连看都不看，也没工夫去担心，所以你决断力强——因为你只做自己明白的事。你把自己包装得看起来很像活着的机器，只管解决问题，完全不理人情世故，但其实闷骚的你还是希望有人能当面给你点掌声的。

10 日出生的 1 号人

你的爱好很多，喜欢自我标榜"有见识"，所以大家在做决定之前也都喜欢找你咨询咨询，你也总会装模作样彻底分析一通之后给出一个大家觉得还尚可的答案。但是，当你落难的时候，几乎不会有人伸手拉你一把，为什么？人情冷漠？
NO，就是因为你给人的印象是"太能干""太厉害"了，所
以人家都觉得这事对你来说绝对是小 Case，怎么还会需要人
帮忙呢？这不科学啊——活该，谁让你成天表现得无所不知！
搞得大家都觉得要是主动帮你就是在侮辱你。你总觉得自己
是孤独的，没人理解，但是你怎么不想想那是你自己选择的
呢？你创意不错，可以赋予产品和事物全新的价值，可以考
虑从事相关的工作。你有处理大事的能力，但是家务事什么
的……上帝完全忘了给你打开那扇门了。

19 日出生的 1 号人

你的性格比较复杂，感觉所有数字的影响力都在你身上
有所体现，实在不知道该怎么来准确地形容你，所以大而化
之的"世界观广阔"可能反倒适合你。你的发展路径可以很
多样，视野也比较开阔。你很独立，最喜欢干的事就是超越
各种极限，以至于连自己的脾气也跟着你的超越行为走向了

一个又一个极端，这换句话说就是——情绪不稳定。你不合群，喜欢一个人猫在角落，但是把你扔在人堆里你又确实混得很开。表面上看起来你对谁都毫无保留，实际上对谁都有所保留，这也是你面对生活的态度，处处圆滑，所以其实你特别适合玩政治，一旦从政，没多久就会成为所有政客里面段数高的那种。

28日出生的1号人

和其他1号人比起来，你应该是最有人缘的，能坚持能忍让，但如果因此觉得你好说话易打发就大错特错了，你绝对不会放弃目标，而是用自己的固执打倒一切！和所有1号人一样，你喜欢做不喜欢说，可你为自己设定的梦想总有点不太现实，再加上你为人散漫随意，最痛恨的就是别人用各种理由质疑你的想象力，所以一辈子都好像活在白日梦里。别人一旦告诉你现实中的生活压力、堪忧的经济前景或者是你混乱的感情，你就觉得生活完蛋了。你做事不积极的态度是有目共睹的，与其等到自己的创想落空在那破口大骂不如直接直接行动，自己做！懒，是你最大的病，这是病，得治！与其每天空想，然后沉溺于痛苦中慨叹梦想和现实的差距，反复折磨自己，不如积极行动起来，多做少想，前途一片光明。

第二节

被情绪左右的2号人

每月2日、11日、20日、29日出生的人。

有好人缘、很敏感。所有问题大家都可以商量着来解决，但是犹豫来犹豫去会让你错失很多不错的机会，别以为那是因为你自己想顾全大家的面子，磨蹭就是磨蹭，但如果被自己的情绪牵着鼻子走你就输了。

2日出生的2号人

好人缘，不惹事，喜欢与人相处，但是依赖心重，重到快要和别人合体的地步。喜欢刻意地讨好人，拿别人的事当自己的事还喜欢把烦恼挂在脸上，一点都不干脆。你喜欢看事情的细节，总是带给别人一种"小题大做"的感觉，让别人都跟着你瞎紧张。你没什么自信，精神物质都要依赖着别人才好，弄到最后连自己的存在感都变得十分薄弱，特别容易受伤害，动不动就被伤到了。其实和别人无关，都是你自己想太多，你得学着转移自己的注意力，要不总有一天会变得尖酸刻薄、爱唠叨。实在没事干可以试试多研究研究音乐或者文学艺术，天生的艺术领悟力，会让艺术带给你很大的安慰。

11日出生的2号人

想象力丰富，独立又有主见，直觉非常准，11号出生的人，通常灵性非常强，特别适合研究命理，因为兼具了1数和2数的能量，虽然你常常怀疑自己的直觉，但事实证明直觉是上苍赋予你的天赋，要善用。对自己要求严格，特别在意他人对自己的评价，搞得自己一会儿偏执一会儿又脆弱不

堪，忽而自大忽而自卑，大起大落，逼急了就逃避现实。其实真的是你想多了，放轻松点！因为受月数 11 的影响，你的感情特别充沛，举手投足都充满了戏剧性的张力，表达能力超强，具有蛊惑他人的能力，自我意识过强，说得多干得少。在道德要求上比较顽固，道德感极强，对人的评判非好即坏，建议多学习，控制情绪，学会放松。

20 日出生的 2 号人

你不能接受被孤立的事实，喜欢和其他人一起工作，你清楚地知道见到什么样的人该说什么样的话，这都来源于你良好的表达和敏锐的直觉。出风头这种事带给你的只有压力，与之相比你觉得幕后工作更适合自己。你不能脱离人群，自己一个人的时候特别喜欢胡思乱想——还全都往坏处想。你喜欢接触并参与新鲜事物，应对得体，礼貌大方，很在乎细节和美感，但你时常会觉得要是变穷了这辈子就完了。虽然依赖别人，但是你被逼无奈的时候也还是能够独立的。

29日出生的2号人

你很有灵性，因为2+9=11，1、2、9对你都有影响，你比一般人拥有更多精神上的力量，你有能力将许多不同的事物整合起来。你比一般人幸运的是总能遇见很多和自己有"缘分"的人或者事，而这些缘分对于其他人来说都是可遇不可求的。你要是利用好了你的天赋和长处，生活事业绝对都会拿捏得顺风顺水，但如果利用不好就会将生活过得乱作一团。你有求胜心，一旦事情不按你预期的方向发展你就会特别郁闷，而且还喜欢憋在心里，自己和自己较劲。偏执、偏激，性格极端、不好相处，容易被自己的情绪牵着走，完全不顾别人的感觉这些都是你的写照。所以你很容易遭遇大起大落。忠告一句，很多时候如果不想被人一脚踹开的话还是控制一下比较好。因为兼具了1数，2数及9数的特质，性格比较难以相处，如果不加控制任由发展，晚年应该比较凄惨。

075

第三节
孩子气的3号人

每月3日、12日、21日、30日出生的人。

孩子气得有个限度，就算你因此受欢迎，大家都喜欢你，也不能成为你拒绝长大的理由。有创意，瞎开心，拒绝用脑过度……这些作风很容易对你的事业造成阻碍，试问，谁会去信任与依赖一个整天只知道嘻嘻哈哈的大儿童？

3日出生的3号人

你乐观到从精神到肉体都拥有超强的自愈力，甚至常持续在一种高亢的状态，很多人都不理解为什么你能对那么多事都保持那么大热情。表达能力很好，想象力也很好，但正因为情感超级丰富，所以一遇挫折失落起来也会表现得格外吓人。精力容易分散，一有点声响你就坐不住，很难在一件事上持续很长时间，乐天、没心没肺、容易知足。你最大的优点就是能够"诚实地面对自己"。

12日出生的3号人

文艺青年，相当重视生活品质，觉得自己的日常生活就是一部充斥着浪漫的艺术史，你绝对是高标准的理想主义者，什么都会一点，什么都不精通。聪明，认为人生来就拥有自己的使命。活得积极向上，表达能力很强，朋友很多。但是，总觉得朋友们大多有这样那样的不足，其实，你是在他们身上看到了自己貌似也有的问题，才这样对别人百般不顺眼。挑剔来挑剔去，说到自己却扭头就跑。专注和耐性与你无缘，少说点，多听，别浮躁。另外，提醒一下，和别人玩暧昧好玩吗？

077

21 日出生的 3 号人

你活得内敛，但也脱不开文艺青年的范畴。喜欢按部就班地干事，突如其来的变化绝对会打你个措手不及，然后你往往大失分寸。你是 3 号人里最不擅长表达的那个，旁人不太好揣摩你的想法，只觉得你这人姿态很高。这种不坦率的个性会给你带来很多人际关系上的麻烦，而且遇事易悲观，可你不知道很多事越往坏了想就越容易成真吗？你在用书面表达的领域里往往会有不错的发展。

30 日出生的 3 号人

直觉是你的优势，但是你大嘴巴的行为很容易让人忘掉你这唯一的优势。身体健康，工作投入，看重和别人的友谊，喜欢随时找机会和别人聊天，一抓住人家就一定要说个痛快，根本不管别人的感受。其实你特想倾销人生哲学，但你只爱说不爱听的习惯会吓走很多人，尤其是不熟悉的人，你上来就开玩笑让人家不知所措。你的小孩子心性很难改变，什么都觉得好玩，非常容易受蛊惑，建议你时刻保持自信、自醒，但别自负。

第四节
顽固务实的 4 号人

每月 4 日、13 日、22 日、31 日出生的人。

你现在的生命除了"踏实工作"就是"踏实工作",以后还是"踏实工作"!你哪来那么大的压力啊?循规蹈矩到没有一点激情的人生还有什么值得留恋?谨慎是好事,避免变动带来的损失也可理解,可是超级顽固就不怎么招人喜欢了。你的特长就是务实,最喜欢干的事情就是搭建组织框架,但是别不承认,你闷骚的内心也时时在期待打破规矩和原则。

4日出生的4号人

世界和平，存款上升，你的人生就圆满了。正面的解释叫做正直、守规矩、自律，说不好听就是你必须把自己框在条条框框里才自在，完全不明白生活的乐趣所在。你喜欢别人用你的标准来看待事物，所以一直在给自己打造一种"标本"的感觉。工作狂，总是忙忙碌碌的，不善沟通，喜欢简单自然的东西，基本没野心，每天都活在对金钱的担忧中，这样下去当心自己庸庸碌碌一辈子哦。可以考虑适当发展点副业和爱好，常常洗涤一下身心没什么坏处。

13日出生的4号人

你身上有1和3的影响，虽然喜欢创新，但内心深处依然保守。能从事一件重复性的工作很长时间，然后时不时还能在过程中搞点小创新，大体如此吧。爱好也不少，容易被旁人影响情绪，比较平易近人。可靠，但是比较顽固，因为4

号人毕竟还是对"表达"这件事很头疼，所以很多人都会觉得你有时候挺古怪的。目标明确，完全不懂为什么世界上除了黑白两道之外竟然还会有"灰色地带"。你本身就是在追求一辈子的平稳，可真的取得平稳了却又开始抱怨，你最适合背靠稳定的生活，然后不时来点小调剂。

22日出生的4号人

22是个卓越数，你居然一连受到两个2的影响，这表明你的依赖心超强。由于4的内敛，你大多数时候都不会太开心，情绪起伏会比较大，因为总是忙着自己和自己过不去。你看人或事都是凭第一印象，而且事后证明你的直觉很准。所以别浪费时间去分析、找逻辑，相信自己就好。你对工作很投入，希望营造一个稳定的家庭，然后窝在里面寻求安全感。你尊重别人的意见，但又容易在过多的咨询别人意见后迷失自己。所以，还是独立一点才有前途。你给自己设的条框越多就越无法突破，学会自己独处，然后解决问题吧。

31 日出生的 4 号人

你强势，不按套路来，完全没有一点身为 4 号人的自觉。基本属于跟着感觉走的人，不甘寂寞，希望引起别人注意，但常常让旁人摸不透你在想什么。性格很活跃，不甘寂寞，在不经意间会有很多非常好的创新的想法。能干，商业嗅觉灵敏，不太懂规划的重要性。虽然好接近，但特别喜欢随时强调自己的优越感，做作得有点欠揍。你说话常常不过脑子，记忆力却很好，是个适合家庭生活的人。

第五节

不甘平凡的5号人

每月5日、14日、23日出生的人。

冲动、随性、自由散漫的你有可能会迎来一个新的转折。你热爱自由，同样也尊重别人的空间，交朋友就像喝水一样容易。你不甘心于平凡生活，想要尝试其他事物的心蠢蠢欲动，总觉得长时间干一件事会要了你的老命，所以有可能冲动劲上来之后放下手头的一切另起炉灶。你喜欢变化这是好事，但是能坚持做完一件事的人生才是值得炫耀的人生。

5日出生的5号人

你的人生价值就是变化，你迷恋一切新鲜的东西，无论把你扔到什么样的环境你都能很快适应，并且能找到乐趣。生命力之顽强，精神之开放，简直就是活生生的打不死的小强，同时，你也特别容易厌倦，容易转而寻找下一个刺激。你恨不得把每天都当作最后一天来过，过得尽兴是你的原则，但在旁人看来，你绝对是夸张到一定程度了，因为无论做什么你都像中了大奖一样，开心得不得了。你的幽默感可以给你加分不少，你喜欢聊天，但不是和谁都聊得来，你只和聊得来的人对话。你不喜欢拘束，但有的时候会冒出"我不喜欢拘束，所以你也不应该喜欢"的奇怪念头，放下自大的你会更招人喜欢。

085

14日出生的5号人

你的头脑和才华都让大家羡慕不已，聪明到可以自由转换在众多角色之间，以至于很多不熟悉你的人会暗自怀疑你

是不是有多重人格。你有责任心又独立，很适合成为自由职业者。你非常着迷于变化，喜欢新鲜，但是心里又总会有另一个声音对你说，变化带来的改变你会承受不了。所以你经常就干脆什么都不干，用天生的自由、懒惰、散漫甚至是逆反心理来面对变化的世界，弄得周围的人对你怨气冲天。你包容力很强，却把所有的情绪都挂在脸上。好冲动，易得罪人，没耐心。总得找一个渠道发泄一下过剩的精力，才能让自己沉淀下来。

23日出生的5号人

你同时拥有2和3的行事特征，聪明又敏感。你独立，这点很招人喜欢，再加上很会做人，所以大家对你印象都还不错。你和自卑没什么关系，无论自己长成什么样子你都能找到自己的闪光点并且为之欣喜，这是多么让人羡慕的心理素质啊！梦想家，不按常理出牌，会有自己的创新之举。性格很豪爽，总是兴致勃勃的，逻辑性不错，有时候甚至达到了偏执的地步。顽固，说话很直，但是很挑剔，超级喜欢批判人且绝不留情面，喜欢让自己的人生忙碌——虽然旁人经常不理解你在忙些什么。

第六节
博爱慈悲的 6 号人

每月 6 日、15 日、24 日出生的人。

6 号人有极强的道德感并且希望将爱播撒世界。你恋家，家是你生活的重点。你喜欢所有与美有关的事物，你的内心总能感受到艺术带给人的震撼和安慰。你就是那种书上写的圣徒性格，公平、慈悲，但是一定要注意把握"热心助人"和"多管闲事"之间的区别。

6 日出生的 6 号人

你活着就是为了世界和谐，万物大同。很多人都纳闷你浑身的正能量都是从哪儿来的，每天心怀感激地生活也是一种天赋。喜欢家庭的感觉，乐于和周围的人一同分享你的喜悦和兴奋，平易近人到大家都会不自觉地拿你当"秘密收纳桶"，你也善于倾听。但你在对待朋友的方面有点"喜新厌旧"的风格，多管闲事，对居家事宜很有一套。享受生活，喜欢对他人奉献，但是对不喜欢的人也能做到冷淡有礼，不至于让人太不痛快。钱是最让你担心的，还有，你容易把自己不能完成的事也应承下来，成全别人，恶心自己。

15日出生的6号人

你聪明而平和，知道自己想要什么。大家都喜欢凑到你身边，所以你的机会很多。你善于从经验中总结一些技巧，并且把这些知识彻底转化成为自己的东西。你会为了成全他人而苛刻地对待自己，比如为家人、为朋友、为公益，而且做起这种事来有瘾，根本停不下来。但是这统统都不妨碍你时常用一种悲观的心态去看待一切（包括自己），时常用自己

089

的高标准去要求别人，而且就算表面上不说，心里也会想。建议你时常试试在音乐中放松。

24日出生的6号人

你就好像电影《霍比特人》中的霍比特人，生性喜爱美食、美酒和惬意的生活，在美的包围中你的全身都充满爱与能量，并且有绝佳的艺术天赋。你处事态度很积极，"过得更好"是你前进的动力。个性不强，但是相当聪明，知道自己想要什么。家庭是你幸福和安定的基础，精打细算的性格让你成为一个过日子的好手。心很重，就算不想帮忙但又碍着面子答应，结果就是自己心里超级不爽，很多小事也会激发你的负面情绪，比如忌妒、愤怒、不甘心。这么说吧，如果你被这些情绪主宰，你就输了。

第七节
怀疑一切的7号人

每月7日、16日、25日出生的人。

你有一副非常好用的头脑，善于发现隐藏的真相，对一切都持有怀疑的态度。自学能力一流，对真实有着偏向阴暗面的见解。你有自己的一套理论体系去验证你对世界的探索，这来自你与众不同的视角——通常都是很负面的，不轻易下结论定是非。自我意识过剩，总有"除了自己之外别人都是大傻子"的优越感，基本不接受别人的观点和质疑，除非拿出铁一般的证据。你需要独处，需要空间，讨厌人群。如果生活太惬意就会产生强烈的危机意识，当然很多时候纯粹是自己吓自己。

091

7日出生的7号人

喜欢不停地探索人生真谛，总觉得所有事情都不是表面上看起来这么简单，然后花大量的时间在所谓追究、挖掘、披露上，"师爷"的身份很适合你。你待人接物都有着特别准的直觉，基本不会有太大偏差，所以请注意，当你内心有个声音对你说"不要"的时候，你最好就此打住，否则……最好没有否则。你很随性，喜欢自己待着，有耐心。有时候会过于自我标榜，除非对方在智慧上将你彻底打败你才会服气，否则绝对相信"只有自己才是正确的"！

16日出生的7号人

你虽然非常敏感，但属于人气很高的哪种人！果然外冷内热的人才最有市场，明明心里向往海外仙岛，却偏偏又一副放不下芸芸众生的样子，真是赚足了大家的好感。由于不擅长情感表达，你在常人的心目中就是一块木讷的冰块，殊不知，冰块也会被点燃——当然这种表现多见于与恋情有关的事。你喜欢孤独，讨厌竞争和压力，觉得随遇而安挺好，至少不会违背自然规律。只不过太过以自我为中心，事事按自己步调来的话会丧失很多东西，好歹主动一点吧。

25日出生的7号人

喜欢研究自己，对周遭不太关心。拥有不错的直觉，相信冥冥中自有命运，而且喜欢一切超自然神秘的东西。你是深藏不露的好手，水平高到连你最亲近的人都察觉不到你有多么喜爱他们。从另一方面说，你很会保护自己的隐私，决不让周围的人或事干涉到自己的内在，让别人难以亲近。你和其他7数人最大的不同就是你十分积极，喜欢在探索的过程中更新自己的经验。如果你能时不时纡尊降贵地对所有关心你的人小小地表达一下，就更完美了。

第八节

内炙外冰的 8 号人

每月 8 日、17 日、26 日出生的人。

8 号人的外表很具有欺骗性，就算内心热情如火，外表也是一副爱答不理的样子。戏剧化因素贯穿了你生活的始终，所以无论你内心多么向往人群，最终的结果都是孤独。直觉特别准，但是遇事很容易得到贪心不足蛇吞象的结果。

8 日出生的 8 号人

能干、积极，出人头地是你的最终愿望，往往不鸣则已一鸣惊人。你拥有创意，但不喜欢服从别人的决定，更不喜欢受人操控，所以非常适合自己单干，与人合作的结果就是灾难，但这并不影响你的好人缘。为了脸面而豁出命是你的作风，所以秀下限、耍手段什么的都是小儿科，金钱至上才是你的准则。你其实关心慈善，也很有爱心，只是太过招摇会掩盖这些优点。

17日出生的8号人

组织和分析能力一流，但有时候处事会特别极端，比如饿了一周之后会选择胡吃海塞一整天，有时候极端的表现会让人反应不过来。你是个出色的领导，喜欢在做决定之前先进行周密的分析，但讨厌处理过程中琐碎的细节。你意志坚定，很少被别人影响。求知欲很强，是8数人中"铜臭味"最少的人。喜欢小众艺术，但也容易沦落为跟风者，喜欢反省自己，一旦控制不住自己的脾气就会来一场大爆发，把周围的人都得罪个遍。

26日出生的8号人

温和，喜欢照顾身边的人，一直在想办法平衡家庭和工作。爱家，喜欢小孩，满足大家的愿望是你的动力。人际关系特别好，别人需要帮助的时候你只要办得到绝对义不容辞。懂得看别人的脸色，没那么自我，比较踏实，干事喜欢从眼前做起，务实。然而：你虚荣，你的死穴就是这个；你势利眼，为了一些目的会刻意接近那些成功人士，哪怕对方人品烂到不行，也要想办法借力往上爬。8号人大多要么轰轰烈烈要么默默无闻。喜欢炫耀，喜欢有历史底蕴的东西。多看看书对你没坏处——我指的是书不是言情小说或者八卦杂志，经常自我沉淀沉淀吧。

第九节

乐观的梦想家9号人

每月9日、18日、27日出生的人。

你对生命充满热情，对于慈善事业有超乎寻常的热情，很多贵人都愿意帮助你。你身上的正能量会感染其他人，乐天豁达是你最有利的武器——无论是面对顺境还是逆境，只要别总做白日梦，牢记直视现实，就太完美了。

9日出生的9号人

思想开通、富有同情心、博爱、人道主义、关注自然，很多事情都积极对待。兴趣广泛，热衷分享，不喜欢与人有冲突。善恶分明，喜欢品行高尚的人，所以待人接物的标准

和眼光格外得高。容易给人冷漠、不近人情的错觉，希望自己能把一种和谐的观点带给大众，一旦现实中有不尽如人意的地方出现就会觉得痛彻心扉，把全人类进步当做自己的责任和义务。你爱所有人，这常常令你不自觉地变成无条件的博爱者。你总是有过度的保护欲，所以恋人抛弃你也无可厚非，因为就是你惯的。

18日出生的9号人

你能把独立、强悍和爱这三个完全不搭界的词语完美融合，这不得不让人佩服。

你会把他人的需求当作自己的责任，会莫名其妙地承担莫名其妙的义务，总之你很享受被别人需要的感觉。你喜欢从事与宗教、政治、法律有关的事，而且会在做事情的过程中不断积累经验，并进行调整。但是你矛盾得很，一面清高到不行，鄙视一切汲汲营营的事情，另一面又觉得金钱和地位才能证明自己。

27日出生的9号人

你喜欢充实的物质生活，并且喜欢为之奋斗。看似话不多，却格外固执，他人看你会有点反复无常。你对很多东西都充满了好奇，喜欢探索，明白自己想要的是什么。你适合做记者、作家之类的工作。你不太喜欢在别人领导下工作，反而喜欢用自己的方式去领导别人，生性敏感，神经又脆弱，所以常常陷入幻想而不自知，与现实脱钩。喜欢在感情方面自欺欺人，擅自夸大对方的优点，就算心里明白是怎么回事也不想去面对，等到被伤害之后就转身去寻找宗教上的安慰，然后再次循环，就是不长记性。

第三章

展示你才能的天赋数

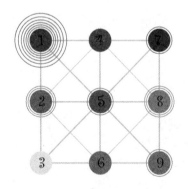

第三章
展示你才能的天赋数

接下来你需要了解你的"天赋数"。

在本书的第一章你学会将自己的出生年月日相加，得到一个两位数，然后继续相加，得到你个位的命数。例如，你出生于 1980 年 1 月 21 日，1+9+8+0+1+2+1=22，这个"22"就是你的天赋数，如果继续相加 2+2=4，就得出了命数 4。有的人第一次得到的两位数相加还会得到一个两位数，这个数也是天赋数。比如，1977 年 8 月 16 日出生的人，1+9+7+7+8+1+6=39，3+9=12，1+2=3，那么你的天赋数就写为：39/12/3。

天赋数都是两位数，凡是两个数字相同的天赋数，称为"卓越数"(Master Numbers)，例如 11、22、33、44。天赋数

为卓越数的人，在某项才能上拥有双倍的力量。想要把一种

才华完全发挥出来已经不容易了，何况是双倍潜力的才能。

因此拥有卓越数的人会超级想要发挥自己的天赋，要是这个

愿望总是得不到满足，这辈子都得消沉下去，结局无非两种，

一种特别厉害混得风起云涌，一种郁郁寡欢抑郁到死。

第三章
展示你才能的天赋数

第一节

命数 1 的天赋数

10 ／ 1　这些是出生于公元 2000 年以后的 1 数人。前面所说的 1 数特质都能准确描述他们的性格。

19 ／ 10 ／ 1　这是个双重性格的灵数性格。看起来不太平易近人，但是熟悉之后会发现你还挺会照顾人的，可惜这个亲切的感觉又会和 1 的天性相抵触，这就是你悲惨的根源了。

103

28 ／ 10 ／ 1　恭喜你，你算是最好相处的 1 数人了，不是因为你多善良，而是因为你清楚地知道"怀柔"政策的重要性。你会用这种亲切的风格来为自己的领袖前途扫平道路，

给人家背后打闷棍之前还会体贴地蒙上一块厚一点的布，然后自欺欺人地说，这样他会没那么痛。

37／10／1　你很有才华，钟爱并且精通原创思考，但你疑神疑鬼，老觉得人人都要害你，不认识你的也恨不得踩你一脚。你没有自己想象的那么有威胁感好吗？你达不到自己的梦想和社会一点关系都没有好吗？

46／10／1　你真的是1数人吗？这么稳重又自信、踏实，可让人依赖。只是不喜欢别人当你身上的蛀虫，难怪你容易为情所困，既喜欢人家事事为你着想，又不想事事为别人着想，哪有这么便宜的事情？

第二节

命数 2 的天赋数

11 ／ 2 和 29 ／ 11 ／ 2　你表面看起来是会花许多时间照顾别人的好人，亲切。弱点在于双重性格，一方面独立，一方面依赖，常会因为自己过于依赖而不开心，学习独立吧！

38 ／ 11 ／ 2　你的个性很独特，创意又务实，但这两项特质不太容易调和，因此挫折感是必须的。虽然你也希望能找个可以依赖的人，但问题是你想当说了算的那个，你忍受不了"万年老二"的角色扮演。

47 ／ 11 ／ 2　你是典型的"雁过拔毛"啊，干什么事都能从中分一杯羹，不喜欢冒险，善于分析。其实只要你

不懒，不要老等着天上掉馅儿饼或者是贵人，基本上能心想

事成。

　　20／2　标本似的2数性格，外表明亮内心阴暗，不

自觉地分析身边的一切，一旦发现不对劲，态度马上就会

一百八十度反转。最好玩的是，这种变化也会吓你自己一跳。

第三节

命数 3 的天赋数

12 / 3　你是不是特别害怕别人问你年龄？因为一旦你说实话，别人就会惊叹"你好老成啊"。没错，你显老，而且你有一手不用经过特训就能把事情做得差不多的本事，所以大家盛传是你投胎的时候带来的技能。你确实很有创造力，也不怕挑战。

39 / 12 / 3　你才华洋溢，心智强，但你麻烦出在必须找到适合的渠道来释放，否则就病快快的。然后就是你不够实际，只有吃苦头才是长见识的唯一途径。你讲究、固执、执迷不悟还死不认错，老觉得自己能对付一切状况，真磕得

满头包的时候就不要责怪别人没提醒你了!

48 / 12 / 3 恭喜你,你是具有"会成为卓越领导者"可能性的人,前提是必须好好协调你的理想和现实,否则光你的内心戏就够写满20集电视剧了。这个冲突啊,那个郁闷啊,有那时间不如赶快去给自己制定一个目标吧。

21 / 3 你独立,很早就有很丰富的个人资源了,手还很巧,但唯一的难题就是与人相处问题。你会抱怨,找个能理解你你也理解的人怎么就这么难呢?问题在你身上你说能不难吗?刚开始和人家套近乎表友善,一旦事情发展不如预期就瞬间拉开距离,表现得独立极了,谁能忍受你?

30 / 3 最经典的3数人,有理想不招人喜欢的小孩,缺乏自信,老觉得自己什么都不会。其实你基本上可算是"才华出众型"的,但很奇怪你就是没办法相信自己,多给点精神刺激就好了。

第四节

命数 4 的天赋数

公元 2000 年后，第一个单纯的 4 数人出生了。那就是出生于 2000 年 1 月 1 日的人，相加总数是 4，没有灵数，只有命数 4。所有对 4 数人的描述在这些人身上都能成立。

22 / 4　这是个"卓越数"，你们的亲切友善全都带着目的，只是看你想从对方身上获得什么。钱、权、感情，只要是你自身的安全感所需要的，你都会不择手段去夺取。你啊，目标定得太高，达成比较难，而且会因为意气用事而耽误自己。

13 / 4 和 31 / 4　这类的 4 数人出乎意料地有创意，多

才多艺，而且勤奋。但内心脆弱，想稳定的同时又忍不住想尝试新鲜事物，矛盾得不得了。

40／4　最典型的 4 数人。你完全可以做到"就事论事"，而不牵扯其他，单纯得令人发指。你看穿事情的本质然后迅速找出应对办法的本领反倒成了个弱点，你对自己梦想的执着近乎执拗，如果这个梦想不巧比较不切实际，那么你就抑郁一辈子吧。

第五节

命数 5 的天赋数

公元 2000 年后，单纯的 5 数人出现了，例如出生于 2000 年 1 月 2 日的人，加总的数字是 5，没有灵数，只有命数 5。所有对 5 数人的描述在这些人身上都能成立。

14 / 5　你给人的第一印象是稳健，值得托付。但是，你这人保守又不主动，除非有人不停鼓励你或者给予你强力的支持。好在如果被赶鸭子上架，你倒也不会退缩。

23 / 5　你看似友善、温和，但实际上相当顽固还不肯变通，也算是 5 数中的奇葩了。你这种嘴硬的性格会让周围的人觉得你不好相处。

32 / 5　你是经典的理想主义性格，知道自己想要什么，可一旦<u>感情用事</u>，理想就会扭曲，造成自己的混乱和挫折。你必须考虑一下彻底改变自己了。

第六节

命数 6 的天赋数

公元 2000 年后，第一个单纯的 6 数人出现了。例如出生于 2000 年 1 月 3 日的人，这些数字的总和是 6，没有灵数，只有命数 6。前述对 6 数人的描述在这些人身上都能成立。

15 / 6　恭喜你，这是所有 6 数人里最健康的组合，你愿意承担责任，但是又清楚地知道界限。你独立，永远需要自己的空间。当别人出现问题时，你会犹豫要不要伸手帮忙，因为你既迫切地想照顾别人又害怕别人因此赖上你。

24 / 6　你让人觉得和蔼可亲，耐看。处理人际关系是你的强项，如果别人对你的付出毫无反应，你倒也不会到处嚷嚷说自己被利用，你只是觉得自己是个烈士，悲壮地面对所有人，然后独自离开。其实，你真的需要为自己活一次，主导自己的人生。

33 / 6　这是个卓越数。你拥有非常强的创造力，但是你必须先做出重大的人生抉择和牺牲之后才能顺利发展自己的潜能。你总是承担了过多的责任，你得弄明白，只有施展自己的才华才能快乐，否则就会一辈子不开心。你太不实际，一副理想主义的派头，且坚决不接受批评。

42 / 6　你是很实际、脚踏实地的，重感情、喜欢交朋友，甚至为了朋友不惜改变自己。你朋友多，但真正交心的没几个。

第七节

命数 7 的天赋数

公元 2000 年后，第一个单纯的 7 数人出生了。例如出生于 2000 年 1 月 4 日的人，相加的总和是 7，他们没有灵数，只有命数 7。前述对 7 数人的描述在这些人身上都能成立。

16 / 7　你看似坚强独立，但是一面对感情就完蛋，会为了取悦对方不顾一切。你善于解决问题，查找修补漏洞。

25 / 7　你和任何人都合得来，可以坦然面对周围的人，处理人际关系比较轻松。不过你依然需要独处空间，需要自由，你挺容易获得领导首肯，但是需要改掉动不动就说"再说吧"的坏习惯。

34 / 7　你理想极高，别人会以为你心胸开阔，那是因为没见到你付诸行动的时刻。你固执的一面会彻底暴露，你宁可稳扎稳打，错失机会也不愿意冒险。

43 / 7　你脚踏实地，偶尔懒洋洋也不会有什么大的问题，因为你有毅力。当你争取到最后发现到手的不是自己想要的东西时，成熟点，别矫枉过正，因此半途而废就得不偿失了。

第八节

命数 8 的天赋数

公元 2000 年后，第一个单纯的 8 数人出生了。例如出生于 2000 年 1 月 5 日的人，相加的总和是 8，没有灵数，只有命数 8。前述对 8 数人的描述在这些人身上都能成立。

17 / 8　你有领袖特质，坚强独立。你最大的问题是，犹豫的不是时候，明明已经成功在握，反而开始踌躇，觉得这个东西真是我想要的吗？难道我真的只想追求这个？甚至扭头就走，白白扔掉到手的胜利果实，你活该人生受挫折。

26 / 8　你最常说的一句话就是将心比心，总希望能帮助所有需要帮助的人，所以你人际关系不错，遇到困难也不

会轻易退缩。你太把自己不当外人，谁的事都想扛一扛，所以经常承担不属于自己的责任。

35 / 8　你几乎拥有所有 8 数人的优点，交际手腕、沟通技巧、平易近人等等。你想要的很多，也愿意尽其所能为之努力，问题是你愿不愿意付出很大代价去争取。你通常都会退缩或者找个看起来比较像捷径的办法，但放心吧，绝对没有好结果的。

44 / 8　这是个卓越数，身为卓越数的你乐意与人合作，但是你的诚实程度会是个问题啊，等人家都看破了你再后悔就晚了。你有可能一辈子都没有去做你真正想做的事，因为对安定的向往大过了你的事业心，可是又会不甘心，结果就是一边不甘心一边碌碌无为而终老。

第九节

命数 9 的天赋数

公元 2000 年后，纯粹的 9 出生了。例如出生于 2000 年 1 月 6 日的人，相加的总和是 9，没有灵数，只有命数 9。前述对 9 数人的描述在这些人身上都能成立。

18 / 9　根本猜不透你，什么独立、自主全是假象。你觉得自己总是在取悦别人，但就是没办法让自己快乐，于是你总在纠结该给别人多少，给自己多少，苦闷于做了好事但没有回报。

27 / 9　你感情丰富，为人亲切，但分析能力是零。因为总担心看到自己不想看的，所以索性就不去往深处探究，

经常自欺欺人，盲目跟风。请注意，问题不会自行消失的，你得解决它才行啊。

36 / 9　好脾气的你，喜欢就是喜欢，不喜欢也装不来，就是喜欢想太多。你不能一辈子活在幻想里不出来啊，要是找不到务实的方法，梦想永远都是梦想，成真不了。

45 / 9　你能力超群，心胸开阔，愿意吃苦也愿意努力，只是你不能一发现行动受阻就丧失勇气啊。你务实的心常常会阻止你的梦想，你纠结于此，闷闷不乐。

第四章

当星座与命数连接

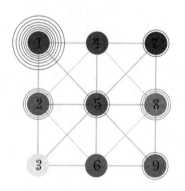

我们需要了解的还有一个重要的参考维度是星座数。12

星座分别对应不同的星座数，可见下表。

星座名称	出生日期	代表数字
白羊座	3月21日至4月20日	1
金牛座	4月21日至5月20日	2
双子座	5月21日至6月21日	3
巨蟹座	6月22日至7月22日	4
狮子座	7月23日至8月21日	5
处女座	8月22日至9月23日	6
天秤座	9月24日至10月23日	7
天蝎座	10月24日至11月22日	8
射手座	11月23日至12月22日	9
摩羯座	12月23日至1月20日	1
水瓶座	1月21日至2月19日	2
双鱼座	2月20日至3月20日	3

命数1与星座

命数1遭遇白羊座：你这辈子只会考虑一件事，就是自己想做的事。

命数1遭遇金牛座：喜欢照着自己的想法做事，行动力还超级强。

命数1遭遇双子座：自由惯了，只对自己有兴趣的事上心。

命数1遭遇巨蟹座：自闭的人没有未来，好好学习怎么和别人交流吧。

命数1遭遇狮子座：没人缘的原因就两个字——自大。

命数1遭遇处女座：你都不理人怎么让人了解你？

命数1遭遇天秤座：独立自主，绝不犹豫。

命数1遭遇天蝎座：自己的目标才最重要，别人做什么不关你事。

命数1遭遇射手座：说做就做，不管他人同意与否。

命数 1 遭遇摩羯座：自尊心就是你的生命！

命数 1 遭遇水瓶座：自闭少年还固执，没救了。

命数 1 遭遇双鱼座：活在自己的小世界里不管不顾也挺好。

命数 2 与星座

命数 2 遭遇白羊座：说好听的是害羞，说不好听的是怯，胆怯的怯。

命数 2 遭遇金牛座：近朱者赤近墨者黑，你靠近什么人就是什么人。

命数 2 遭遇双子座：和人沟通有一手。

命数 2 遭遇巨蟹座：光顾听别人的了，都不知道自己想要什么。

命数 2 遭遇狮子座：这辈子都是为了别人的评价活着。

命数 2 遭遇处女座：诚恳地注重每个人的意见——除了自己的。

命数 2 遭遇天秤座：没人陪就会抓狂。

命数 2 遭遇天蝎座：绝对忠贞的居家伴侣。

命数 2 遭遇射手座：人人为你，你为人人。

命数 2 遭遇摩羯座：人际交往是生活中的重要组成部分。

命数 2 遭遇水瓶座：坚持自我但也会吸取别人的长处。

命数 2 遭遇双鱼座：被人牵着鼻子走是你的生活状态吗？

命数 3 与星座

命数 3 遭遇白羊座：光想自己说不让别人说，还有没有王法了？

命数 3 遭遇金牛座：喜欢捣鼓小东西，发明创造是你的菜。

命数 3 遭遇双子座：学东西快，老师应该挺待见你吧？

命数 3 遭遇巨蟹座：表达感情方面有一套哦，少年，艺术天分不错。

命数 3 遭遇狮子座：爱显摆，爱显摆，爱显摆。

命数 3 遭遇处女座：有担当主持人的能力。

命数 3 遭遇天秤座：有才华，但容易分心。

命数 3 遭遇天蝎座：你就是有本事让大家都帮你。

命数 3 遭遇射手座：又一个"玩艺术毁一生"的艺术青年。

命数 3 遭遇摩羯座：努力就会有收获的踏实派。

命数 3 遭遇水瓶座：有才哦，很会表现自己。

命数 3 遭遇双鱼座：活得虚幻的艺术家。

命数 4 与星座

命数 4 遭遇白羊座：关心未来与时俱进，挺踏实的。

命数 4 遭遇金牛座：想法和常人不在一个位面，不撞南墙不回头。

命数 4 遭遇双子座：再随和你也绝对不会为了别人改变自己的生活规律。

命数 4 遭遇巨蟹座：你事真多，尤其是关系到自己的，那简直就是真理。

命数 4 遭遇狮子座：坚定不移地原地踏步。

命数 4 遭遇处女座：给自己画个圈，别人进不来你也出不去就满意了？

命数 4 遭遇天秤座：责任感才是你的名片。

命数 4 遭遇天蝎座：你只要下了决定，就八头牛也拉不回来。

命数 4 遭遇射手座：对于生活问题自有一套准则习惯。

命数 4 遭遇摩羯座：安定的生活令你向往。

命数 4 遭遇水瓶座：你的一辈子恨不得都是同一种轨迹。

命数 4 遭遇双鱼座：与混乱生活此生无缘的超级稳定派。

命数 5 与星座

命数 5 遭遇白羊座："不凑热闹会死"星人，不是一般的爱玩。

命数 5 遭遇金牛座：才艺多又怎么样？飘来飘去的等于什么都不会。

命数 5 遭遇双子座：心性浮躁，交友犹如花蝴蝶。

命数 5 遭遇巨蟹座：跑不跑是你的自由，但是不能被拘束却是你的权利。

命数 5 遭遇狮子座：大方开朗又没心眼。

命数 5 遭遇处女座：朋友不少，知心的没有。

命数 5 遭遇天秤座：呼朋引伴凑热闹，说的就是你啦。

命数 5 遭遇天蝎座：开朗的、有群众基础的少年。

命数 5 遭遇射手座：想让你死得快就把你圈在一个地方不让你跑。

命数 5 遭遇摩羯座：还比较开朗，不会想不开钻牛角尖。

命数 5 遭遇水瓶座：驴友、交际花。

命数 5 遭遇双鱼座：没有目标的人生注定失败。

命数 6 与星座

命数 6 遭遇白羊座：当别人跟你说要分手就真的是要分手，没别的意思你别固执了好不好？

命数 6 遭遇金牛座："新不如旧"，只要自己认定是好的，就绝对全心对待。

命数 6 遭遇双子座：有人情味，对老友掏心掏肺。

命数 6 遭遇巨蟹座：重感情不是你感情洁癖的借口。

命数 6 遭遇狮子座：不懂表达感情的小清新。

命数 6 遭遇处女座：分手就分手吧！别过了好几年之后还是一脸弃妇样。

命数 6 遭遇天秤座：感情就是你的命根子，分手就要死。

命数 6 遭遇天蝎座：又一个付出总有回报的感情完美主义者。

命数 6 遭遇射手座：亲情大过天。

命数 6 遭遇摩羯座：让我们以结婚为前提开始恋爱吧。

命数 6 遭遇水瓶座：桃花朵朵开，处处留情来。

命数 6 遭遇双鱼座：为了感情一蹶不振……不知道说你什么好了。

命数 7 与星座

命数 7 遭遇白羊座：典型的"墨索里尼，总是有理，不但现在有理，而且将来永远有理"。

命数 7 遭遇金牛座：叛逆才是你的王道，想说服你得费一番功夫。

命数 7 遭遇双子座：古怪刁钻，刁钻古怪，没了。

命数 7 遭遇巨蟹座：知道为什么你固执吗？想得太多！

命数 7 遭遇狮子座：虽然很自大，但也会听一听别人的想法。

命数 7 遭遇处女座：知道"体谅"两个字的汉字解释吗？不知道查字典去。

命数 7 遭遇天秤座：喜欢思索，觉得逻辑才是宇宙的真理。

命数 7 遭遇天蝎座：聪明，看侦探小说能最早猜出凶手。

命数 7 遭遇射手座：怀疑一切，只相信自己的判断。

命数 7 遭遇摩羯座：情绪化会毁了你。

命数 7 遭遇水瓶座：聪明不是你不近人情的借口。

命数 7 遭遇双鱼座：考虑的虽然多，但一关系到自己就全忘了。

命数 8 与星座

命数 8 遭遇白羊座：现实，特别现实，觉得只有成就才能说明你的价值。

命数 8 遭遇金牛座：会想办法充实自己以期达到心中的成功标准。

命数 8 遭遇双子座：生活品质就是你生活的全部意义。

命数 8 遭遇巨蟹座：活得更好，就是你的人生动力。

命数 8 遭遇狮子座：香车美酒鹅肝路易十六才是你向往的生活。

命数 8 遭遇处女座：对于人际交流还是很圆滑的。

命数 8 遭遇天秤座：无肉令人瘦，无竹令人俗，宁可食

无肉，不可居无竹。

命数8遭遇天蝎座：会为了自己应得的回报而全心全意争取。

命数8遭遇射手座：内外兼修才是成功之本。

命数8遭遇摩羯座：功成名就才是成功的定义。

命数8遭遇水瓶座：命运掌握在你自己手中。

命数8遭遇双鱼座：超喜欢享受，超关注细节。

命数9与星座

命数9遭遇白羊座：你恐怖到可以通过自己的热情将不可能转化为可能，但前提是别再活得那么虚幻。

命数9遭遇金牛座：天天做梦不累啊，能不能干点实事啊？

命数9遭遇双子座：整天胡思乱想的开朗少年。

命数9遭遇巨蟹座：虽然到了新的环境会害羞，但依然改变不了你是一个热情的人的事实。

命数9遭遇狮子座：用热情感染人的小太阳。

命数9遭遇处女座：嗯，太过狂热就非常容易走火入魔。

命数9遭遇天秤座：不切实际的想法能持久才怪。

命数9遭遇天蝎座：外表冷漠内心狂热。

命数9遭遇射手座：有理想有抱负的社交狂人。

命数9遭遇摩羯座：纸上谈兵谈得再欢，那也是空谈。

命数9遭遇水瓶座：理想虽然有点远，但不是没有希望实现。

命数9遭遇双鱼座：热情过度就是偏执。

第五章

空缺数

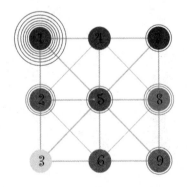

第一节

数字 1

1的关键词：独立、主见、领袖、急躁、自我

1代表独立、自我意识，是一切的开始。

空缺 1：你缺乏独立意识，不喜欢承担责任，开拓创新的选项根本就没有被激活，喜欢人云亦云。目前为止，生日数里没有1的仅限于 2000 年后出生的小孩。

1 有 2 至 4 个圈：有很强的领导能力、组织能力，勇敢、进取、有主张、能担当，向着自己的目标坚定前行，喜欢开辟未知领域，不轻易妥协，除自己以外不太相信其他人。

生命密码

1有5个或以上的圈：你处处想显示自己的领导能力，所以完全不顾及其他人的想法。听不进去批评——听不进去就算了，还记仇，表面豁达实则内心极其狭隘，觉得太阳都得围着你转才对。只能提醒你不要害怕受打击？摆出强硬姿态的时候别只顾表面，一旦受挫就完蛋的独裁者不是好独裁者。

第二节
数字2

2的关键词：信任、艺术之美、依赖、敏感、和谐

2代表矛盾的两面性，情绪化、喜欢和谐的氛围。

空缺2：你不太喜欢和别人合作干一件事，一切细节都要抓在自己的手里。特别独立，不喜欢依赖他人，在和别人沟通的时候不够婉转，或者不知道怎样表达，经常让对方产生误会。好面子，为了面子会干出"饿死自己也要请人家吃大餐"的举动。没什么想象力，对艺术一窍不通，不会穿着打扮。

2 上有 2 至 4 个圈：知道配合别人的好处，为人处世会看人脸色，人际关系挺和谐。有生活情趣，穿衣服有品位，就是喜欢发牢骚。

2 上有 5 个以上的圈：你的外表就是你的命，无时无刻不喜欢照镜子，注重修饰自己的外表，走在路上不放过任何可以照见自己影子的东西顾影自怜。有没有钱都要过奢侈的生活，喜欢享受，有艺术鉴赏能力，能把生活过得有声有色。依赖性超强，基本没有立场可言，墙头草一般的性格让人头疼，常常磨磨唧唧下不了决定却又顽固到底。

第三节
数字 3

3的关键词：表达、创意、感性

3代表与人沟通的能力，兴趣广泛、天真又机智。

空缺 3：你没有表现自己的能力，就算满腹经纶也常常会面对"养在深闺人未识"的处境。你身上缺少灵动的东西，再说得伤人一点就是没有灵性，你知道郭靖吗？他就是典型的缺3数的人，浑身上下透着木讷，让人感觉想表达，但就是经常说错话或者太爱说大实话。不过没有3的人一般为人简单、率直。

3 上有 2 至 4 个圈：聪明，爱聊天也会聊天，喜欢不按常理出牌。

3 上有 5 个或以上的圈：坚决不接受批评，自觉有创意有理想，但其实往往肤浅幼稚。喜欢八卦别人，不问真假，很可能是个"长舌精"。总是没办法集中精力做好一件事，一句话能说明白的事情非要掰碎了说十句，抓不到重点。

第四节
数字 4

4的关键词：踏实、务实、组织力、稳定

4代表稳定，非常务实，脚踏实地向目标前进，会按部就班地做好准备，等待机会来临。对安全感有强烈的渴望。

空缺4：你对生活持一种很放任的态度，对金钱或物质方面要求很低，清高，可实际上又确实离不开钱。容易受外界影响，多变，不喜欢与社会接轨，基本和秩序无缘。你最招人喜欢的一点可能就是不会在买菜的零钱问题上和菜贩一路死磕，零零碎碎的事情在你看来差不多就可以了。你需要面

对的问题就是：务实！

4上有2至4个圈：踏实、保守，严格遵守秩序，坚定地向着目标前进，追求完美。

4上有5个或以上的圈：守财奴，死爱钱，铁公鸡，死不认错，赚钱永远没个够。

第五节
数字5

5的关键词：自由、开朗、口才、乐天、享受

5代表追求自由、向往变化的态度，不喜欢一成不变，明白自己前进的方向。

空缺5：你没主见，所有的意见都是来自旁人的见解，不清楚自己想要什么，明明想吃汉堡包套餐，结果看到别人说披萨套餐好吃就马上跟风，吃到嘴里又觉得这不是自己喜欢的味道。归根结底你基本无视自己的内心，你需要通过信仰来坚定内心或者找人监督自己。你十分内向，但对于新见

解、新知识的理解能力超强。不喜欢旅游，所以能省不少钱。

5 上有 2 至 4 个圈：坚持自我，有自己的追求，性格开朗、乐观，喜欢旅游、唱歌，口才不错，但是面对压力第一时间会选择逃避，为人散漫无纪律性。

5 上有 5 个或以上的圈：又偏执又爱吃又不喜欢直面问题解决问题，完全拒绝别人的见解。

第六节
数字6

6的关键词：奉献、爱心、负责、治愈、友善

6是奉献精神的代表，常常全心为他人考量、体贴、善良，为家庭付出。

空缺6：不喜欢承担责任，也不愿意费心弄清楚别人的需求和想法。挺真实的，待人不虚伪，单纯一根筋。对别人的情绪不敏感，所以有话直说，为人坦率，高不高兴都写在脸上。喜欢把自己的想法强加于人，待人接物容易让别人不舒服。你不是没有爱，只是不会表达，容易只站在自己的角度

考虑问题，尤其是与恋人、家人之间。

6上有2至4个圈：有责任心，喜欢包容，处处为别人着想，看起来挺无私的其实内心会有自己的想法：那就是希望对方能同样地回报自己，否则就百般挑剔。

6上有5个或以上的圈：喜欢照顾人，但是完全是出于一种功利目的，恨不得奉献完毕就能获得回报。伪善，打着道德幌子的自私鬼。

第七节
数字7

7的关键词：好奇、探索、分析、自学、真理

7代表幸运。比较喜欢探查事情的真实面貌，但缺乏逻辑推理能力，。

空缺7：你这辈子都不要指望"运气"，还是踏踏实实靠自己吧。你喜欢热闹，心胸开阔，没什么逻辑推理能力，侦探小说不看到最后一页就猜不出凶手是谁，思维是直线形。怕麻烦，心思单纯，容易相信别人，也容易情绪激动，经常为一些无关的事情生气。亲和力强，好接近，行动力超强，

生命密码

但就是想不到重点！

　　7 上有 2 至 4 个圈：聪明，冷静自负，不轻易相信人，喜欢推理分析。看问题特别主观，不接受旁人的想法。

　　7 上有 5 个或以上的圈：专横，疑神疑鬼，喜欢让别人按自己的想法行动，自恋到极致，觉得除了自己旁人都有病，妄自尊大，光说不练，没有大智慧。

第八节
数字8

8的关键词：公关、人际交往、生意、成就与价值

8代表事业心、成功欲、爱财，有强大的事业心。

空缺8：随遇而安，你完全不会想去掌控周围的环境，对钱权没野心。喜欢藐视权威，挑战世俗，但是假如你是个领导者的话，就缺乏震慑力，领导不了下属。不善理财，对钱没概念。

8上有2至4个圈：有商业头脑，想要成功的欲望强烈，希望随时掌控周遭。

　　8 上有 5 个或以上的圈：功利心太重，为达目的不择手

段。拜金，超级世俗，不惜出卖自己获得成功。

第九节
数字9

9的关键词：宗教、慈悲、梦想、自然

9代表灵性，闪耀着一种神性的光辉，喜欢服务他人，最大的愿望就是世界大同。

空缺9：基本不知道同情心三个字怎么写，表现在外的就是冷漠、冷漠和特别冷漠，感觉事事与己无关。没什么想象力，把注意力更多地放在自己身上，自私。

9上有2至4个圈：目标太多，不切实际。喜欢环保、爱护自然与小动物，助人为乐。

生命密码

　　9上有5个或以上的圈：拒绝接受批评，易沉迷于虚幻之中。活在自我想象中，不喜欢面对现实。迷信，容易被邪教迷惑。

第六章

连线代表的意义

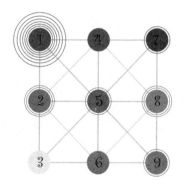

生命密码

在这章正式开始前，我先让大家看两张命盘图格式。

这位先生的生日是 1958 年 10 月 27 日。血型 AB 型。

1+9+5+8+1+0+2+7=3+3=6

这张命盘图上，标出了 1-9 每个数字上对应的圆圈。纵观

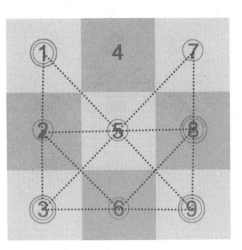

全盘，所有数字都被一些连线联结。这些元素在向我们述说什么？

　　这位先生的命数是 6，是一位心怀大爱的人，甚至可以说爱是他生命的根本，善解人意就是他的人生标签，他会让他周围的人如沐春风。不过，不论有多么远大的理想，他都会把家人摆在第一位，愿意为家人付出所有。他是重视美感的人，对艺术有独到的眼光。嗯，表扬的话说完了，咱们现在再说点坦白的。

　　这位老先生对懒惰的容忍度为零，懒散的行为让他不安，而约束反而会被他当作动力，他可以在奉献和收获之间找到微妙的平衡，但这种平衡非常容易被打破。他最大的自私就体现在付出之后希望被感激，而且最好加倍地还回来，一旦别人不顺他的意，他就会抱怨人情冷暖。他这种时时刻刻希望人家幸福的表现往往会对别人造成很大困扰——尤其是不善言辞的人。要是与恋人相处的时候这样就更可怕了，滥好人的性格使得他随随便便就会许下承诺，但是，大哥，承诺

155

是要遵守的，干不了的事你答应下来我倒想看看你怎么收场？看起来是绝对的大好人一个，但是处处标榜道德就会让人累觉不爱了。

生日数是 9，说明这位先生喜欢充实的物质生活，并且喜欢为之努力奋斗。看似话不多，却格外固执，有点反复无常。对很多东西充满了好奇，喜欢探索，明白自己想要的是什么。不太喜欢在别人的领导下工作，反而喜欢用自己的方式去领导别人。生性敏感，神经又脆弱，所以常常陷入幻想而不自知，容易与现实脱钩。喜欢在感情方面自欺欺人，擅自夸大对方的优点，就算心里明白也装糊涂，等到被伤害之后就转身去寻找宗教式的安慰，循环往复，就是不长记性。

9 数或者说 9 号的人，还有一个重大的特点：在他们的内心深处会误以为自己没有缺点！所以，不接受批评，绝不！

除了没有 4 数，其它数字都有圈数，说明他是一位能量均衡的人，比较善于从事管理岗位。缺乏 4 数，表示做事情的时候需要加强计划性。

天蝎座的星座数是 8，加上他的生日数是 2+7=9，天赋数的两个 3，和命盘的两个 1，所以，1-2-3，1-5-9，2-5-8，3-6-9，7-8-9，都是主要连线。副线 6-8，是主要副线。参考连线和副线的意义在于分析这位先生的特征：重视社会地位，自尊心强，爱面子，善良，勤劳，动手能力比较强。但 2-5-8 的情绪化连线加上天蝎座 AB 血型，一旦情绪化时会比较絮叨，瞬间变成另外一个人。如果他启动唠叨模式，最好让他一个人静一静。

1 数和 9 数都有 2 个圈数，说明他是一个完全不能接受任何否定的人，和他聊天要以赞美为主线展开话题，否则，很难聊啊。

1 数和 8 数都有 2 个圈数，说明此人的控制欲也很强，不要随便挑战他的权威，否则他会很不爽。但 2-6 连线是一条具有欺骗意味的连线，表面上他爱好和平包容性较强，但如此洞悉世事的个性眼里绝对不容沙子，他会把不满按捺在心中积攒着，终于在某个你意想不到的时刻迸发出来。通常别人会觉得莫名其妙，但时间久了就会明白，当下的爆发很可能起源于若干年前的旧事，这，有点累。

圈数满的特点是能量均衡，坏处是特点不够，目标不够明确。

比如，命盘图的主人出生于 2008 年 10 月 17 日。

2+0+0+8+1+0+1+7=1+9=1+0=1

从命盘来看，这个小朋友命数为 1，且有 5 个 1，只有一条主线——7-8-9 联线。

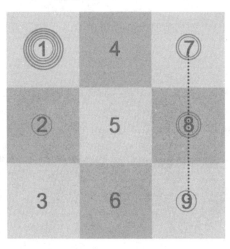

生日数是 1+7=8，童年时这个 1 数的小朋友极端需要关注，为了和自己波澜壮阔的情绪相处，有时候会呈现比较极端的处世方式，偶尔会暴饮暴食，这种反差常常会让他的爹妈措手不及。长大后会成为一个组织和分析能力一流的人，也会是个出色的领导者，喜欢在作出决定之前先做周密的分析，但讨厌那些过程中琐碎的细节。他意志坚定，基本不会被别人影响。求知欲很强，是 8 号人中"铜臭味"最少的。喜欢小众艺术，但也容易跟风；喜欢反省自己，一旦控制不住自己的脾气就会来一场大爆发，河东狮吼会吓跑许多人。

5 个 1 会让孩子从小就清楚地知道自己想要什么，做事专一、投入，极有主见，不会轻易附和别人。但 5 个 1 同样也表示他容易情绪失控，对于他人的关注的要求极高，他一生所需要面对的问题就是如何有效地管理情绪。

5 个 1 的人处处想显示自己的领导能力，所以完全不顾及其他人的想法。听不进去批评，还记仇，表面豁达实则内心极其狭隘，觉得太阳就得绕着他转。而且经受不住什么打

159

击。友情提醒，强硬别只顾表面，一旦受挫就完蛋的独裁者不是好独裁者。

7-8-9 连线。这是贵人线，说明生命中总有人帮他度过难关。有智慧又有人脉，事业成功是迟早的事，但前提是你得自己有能力，够勤劳！上苍总是会眷顾又勤劳又好命的人。因为你遇事周围总是有人站出来帮忙。长此以往会让你丧失自己思考和动手的能力，沦为依赖别人的寄生虫。所以，你得时刻提醒自己，努力！努力！没有这条线的人，还是踏踏实实自己埋头苦干吧，运气这种东西都是虚幻的，别幻想天上掉馅儿饼会砸到你，因为你的天空根本不会掉馅儿饼！

7-8-9 连线代表了心灵的发展，有这条线的人比较适合从事自然、环保类的公益工作。

缺乏 5 数，会让这孩子比较懒散，遇到困难容易放弃，缺乏改变的勇气，所以这懒病打小就得治！

综合整个命盘来看，除了上述特点外他还是个直觉非常强，有着与年龄不相符的洞察力和观察力的人。

第六章
连线代表的意义

但因为缺乏 6 数，所以在责任和倾听上需要从小培养。

好在他 2 数上只有一个圈数，通常我们会说 1 多，2 就不要多，2 多，1 就不要多，因为 1 数和 2 数是两个极端的数字，能量过强时，不需要外力，自己就先趋于崩溃了。

这两张命盘为什么这么解读？需要你仔细看下面的内容，当你真正融会贯通之后，你就可以着手画一张属于自己的命盘图并解释、分析了。

这两张命盘图直白地展示给大家的是我常用的数字排列方式。在这里，我首先要提醒大家注意的是那些纵横交错的直线，每一个人的命盘上我们都会看到不同的连线组合——每个人都或多或少地欠缺一些数字，这些连线组合就代表着我们的精神能量、情感能量等等。其中的 8 条主线代表的是基本性格，4 条副线代表的是人际关系。

8 条 主 线：1-2-3、4-5-6、7-8-9、1-4-7、2-5-8、3-6-9、1-5-9、3-5-7。

4 条副线：2-4、2-6、4-8、6-8

这些连线就好比你命运的掌纹，透过它们可以全方位解析你的行为模式，告诉你许多被忽视的问题，比如情绪、人际关系、目标等等。连线会显示你的优势，欠缺的连线会显示出你的缺陷和不足，需要额外关注。

一定要记住，每条连线都有正反两种意义。

第一节

主线的意义

1-2-3主线：体能线、艺术线

这条线反映出你身体的意识，你很在意自己的身体健康，希望自己拥有健康体魄，良好机能。没有这条连线的话，则说明你对自己的身体问题不是太在意。

1是勇于开创的典范，2是超强的直觉，3则代表良好的口才和沟通能力，所以有这条连线的人会和艺术息息相关，要么是从事相关工作，要么就是有艺术方面的爱好。你对美有绝佳的鉴赏力，艺术之美也会让你感到身心愉悦。如果想从事艺术工作，1-2-3数，缺一不可，尤其是画家，3数代

表创意，独特，想要在艺术邻域有所作为，缺了3数，基本希望不大。也许你不是艺术家，但你任性起来还挺"艺术化"的，超级情绪化，而且还特别会表达自己的情绪。倔强的劲头和难搞的艺术家一个德行，神经质、情绪激动、理想化，喜欢指手画脚，典型的文艺青年的模样。

4-5-6主线：组织线、知能线

这条线代表了逻辑性、知性与智能的发展，说明你喜欢用脑子办事，看待事情很理智，不会冲动行事。观察这条线上的数字如果圈很少，就说明你基本上是靠动物般的直觉长大的。

4-5-6连线让你对所有的事情都有一种完美的期待，你看重细节，理性、逻辑时时浮现在脑海中，遵守游戏规则，喜欢按秩序办事，条理分明，给人安全感。善于组织各种活动，但是死板，不懂幽默，一旦达到极致，你就像是个缺爱的完美主义者，特别挑剔，特别严格，特别喜欢纠缠于琐碎的问题，甚至置大局于不顾，典型的因小失大。世上本无完美，你偏要苛求完美，想想就累，有这条连线的人，会对伴侣，孩子格外严苛，做你们的孩子真是好可怜啊！

7-8-9：心灵线、贵人线

你总能遇见生命中的贵人帮你渡过难关。你有智慧又有人脉。但在追求事业成功的过程中不要忘记锻炼自己的能力，因为太多主动帮忙的人会让你丧失独立思考和动手能力，沦落成寄生虫也不是不可能。如果你没有这条线就踏踏实实地做人吧，你的天空根本不会掉下馅儿饼！7-8-9 连线代表了心灵的发展，比较适合从事自然、环保类等公益工作，但是，从小就如影随形的好命会滋生你身上惰性，你总想投机取巧，这样可是自毁前途。

1-4-7 主线：物质线、运动线

这条线代表了极佳的财运和对物质的需求。你只做自己力所能及的事，对自己的位置有清楚的认识。喜欢锻炼或者

喜欢关注体育赛事等讯息，当然也热衷其他运动，你懂的！

1-4-7连线综合了1的独立、4的踏实和7的细致，拥有此线的人重视物质和金钱，追求社会地位，渴望获得社会认可。物质给你十足的安全感，可你一旦把物质看得太重就会瞬间变成铁公鸡式的人物。你最烦别人借钱，超小气，总觉得大家都只盯着你的钱。

2-5-8主线：情绪线、感情线

拥有这条线的人，热情活泼，能很快和人打成一片，是公关高手。但有时会因为太过活泼外向而口不择言，说话不分场合，不给别人留面子甚至会不经意讽刺人。当然，更多的时候你都是故意的。对待感情方面很认真，也知道自己想要什么，很真实。但是真实过头就是不圆滑，不给人家留面子，人家怎么会对你有好脸色。

绘画、演说、唱歌你都有天分，当然，如果能学会控制自己的情绪，这条连线会对你的人生有很大帮助。如果失控可是殃及自己幸福的负面情绪。

§ 第六章
§ 连线代表的意义

3-6-9主线：创意线、空想线

拥有这条线的人很聪明，很会表达自己，非常有创意，能从不同的角度思考问题。你喜欢制造一个又一个梦想，常常忽略眼前的实际。眼高手低，只说不干，很喜欢就一个问题展开想象，张嘴就是"假如、假设"，想得太多太远，纯粹自找麻烦。

你无法集中精力，所以事情往往会半途而废。如果你能在一段时间内只干一件事，那这件事你会做得比任何人都好。行动起来，财运不错。

1-5-9主线：沟通线、事业线

这条线让你有很强的事业心，积极向上，力求上进，你对生命充满热情，对工作很用心，能适应不同的工作需要，只要是自己兴趣所在，就会全身心投入，完全不计较个人得失，乐在其中。如果线上数字的圈数过多，极有可能会成为

工作狂，提醒你得小心一点自己的身体，毕竟工作猝死的新闻频出啊。

你得培养点业余爱好。你常常会觉得除了你的兴趣之外其他都是垃圾，根本不值得自己费心，这样可不好。做人得有趣点，不要变身偏执狂！

3-5-7主线：成效线、影响线

你很受同事、老板的喜爱。你具有良好的口才、天生的表演才能和灵敏的感受力，所以和别人相处的时候会让旁人觉得生动又有趣。你特别善于和人打交道，有公众人物的特质，到哪里都能吸引众人的目光。你要么去当演员，要么去做营销，都绝对会是一把好手！

提醒你不要沉迷于众人的溢美之词，那样你很可能会在赞美中迷失自己，当你误会自己是天王巨星时，很可能你只是不入流的小角色罢了。拜托了，亲，醒醒吧。

第二节

副线的意义

2-4连线：灵巧线、变通线、诡诈线

你机智、聪明，擅长合作，会随时根据当前情况作出及时反应，会举一反三。似乎没有事情可以难倒你，过于精明的你做什么事情都会心不在焉，没耐性，说好听是聪明，说不好听就是善于投机取巧！因为你机灵、精明，所以常常轻易发现别人疏忽的漏洞，而一旦意志不坚定就容易屈服于自己的私欲，甚至滑向犯罪的深渊。

2-6 连线：和平线、正义线

你是正义的使者，特别喜欢保护弱者，和什么人都能和谐相处，对大家都一视同仁，处处体现了你和谐平等的处世原则。善于倾听，热爱为他人排忧解难。一旦感受不公便会对周遭失望，是个脆弱的和平主义者。

你爱好和平，大家都知道，但无论什么事情都想要息事宁人就是怂包了！因为怕得罪人，所以该说的不说，不该做的瞎做，空有好心却办不了好事！

4-8 连线：稳定线、模范线

你踏实稳重，四平八稳的性格让人信赖，属于在工作上很有效率的人，性格保守不是坏事，一步一个脚印反而会有大成就。你不太喜欢多变的环境，那样你会不安。你很实际，不会为不着边际的想法埋单。

你基本上和阴谋诡计没什么关系，纯粹是因为脑子里没有那方面的回路。

你很在乎钱，在乎事业，目的性很强，尤其在意别人的评价。所以，如果有可能你还是会铤而走险，或者说你不拒绝一些不正当的手段帮助自己成功——小心，不要玩火！

8-6 连线：诚恳线、诚实线

你就是电视剧里的万年男二号，为了自己在意的人默默付出、委曲求全，甚至不惜牺牲自己成全对方。可是由于不轻易表达真实想法，往往会被女主角忽视到底，各种虐心也无法换来爱人的眷顾……

你刻意地讨好别人，会显得特别虚伪，而且这样目的明确的付出一旦感受被辜负，会引爆你压抑许久的情感，让大家震惊于你阴暗的内心。自尊心超强，特别在乎他人的评价，放松点，这个世界上没有那么多在乎你的人，不要太入戏。

第七章

人生不同阶段的数字解码

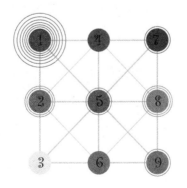

第一节

出生月（童年至青年）

你出生的年、月、日分别代表了你人生的不同阶段。

月份，是你性格的形成关键。你 29 岁之前是万人迷还是招人烦？熊孩子还是脑残青年？你人生初期所有际遇和命运都隐藏在出生月的数字之下，你日后的性格在你出生月的数字背后逐渐显露苗头。

比如某人 1982 年 4 月 29 日出生，命数是 8，月份是 4，那么这位仁兄在 29 岁之前的为人处世方式，小到在学校对老师，大到背着父母谈女友都带有特别显著的 4 数的特征。

需要注意的是 10 月、11 月、12 月都必须简化到个位，10 月的月数为 1，11 月为 2，12 月为 3。这里面比较难搞的是 11 月，身为一个卓越数，纠结又偏执啊！

174

命数	第一阶段
1	0～27岁
2或11	0～26岁
3	0～34岁
4或22	0～33岁
5	0～32岁
6或33	0～31岁
7	0～30岁
8	0～29岁
9	0～28岁

1月出生的你

27岁以前的你从小就很臭屁，身边总是围绕着一群需要你指点的人。就像是《哆啦A梦》里的胖虎，你觉得自己就是强者，一旦有人敢对你挑三拣四你就会超级不爽，就算是家中长辈也一样，因为你觉得自己的权威受到了挑战。你能力突出，属于人群里拔尖的。所以老师最喜欢让你当各种"长"——组长、队长、年级长之类的，这些"辉煌"的履历加深了你自负顽固的性格，老师批评也就忍了，同学要是指

出你错误的话，你绝对就是一副唯我独尊的态度。总之就是要打压所有异议，小小年纪就专制得很，外表装得再平和都没用，一味争强好胜，就算心里明白自己可能有问题，也得死扛到底。

知道的说你自信，不知道的以为你得多脆弱啊，别人随便说了点什么马上就翻脸，这明明就是自卑的表示哦。

2月出生的你

26岁前的你从小就爱想太多，不停地分析、总结，对屁大点的事都要思来想去，比如，今天怎样去上班？地铁还是公交，地铁会比较快，但是人太多挤上去太费劲，不如坐公交？又怕堵车，得早出门，想来想去时间已经不早了……你真是太纠结了。你热衷于各种分析，大家都误会你很有主见。其实不然，你依赖心超强，连吃个饭都希望有个人替你做决定，关键是人家凭什么事事都得替你权衡啊？

你看起来挺好相处，其实特别任性，耍起横来六亲不认。

3月出生的你

34岁前的你喜欢艺术，还有各种新鲜有趣的事物，并且喜欢通过自己的表述让大家一同领略细节之美，但是你这人太重于描述外在形式，反而经常忽略事物本来面目。你希望大家感受你的正能量，就拼命掩饰自己的另一面，恨不得把一切悲观、消极都消灭在自己心里。其实，你扭曲的样子大家都看见了，只是碍于面子不好意思点破，只好陪着你装开心而已。你害怕被忽略，所以拼命地说，结果嘴太碎，让大家觉得你好浮躁，好幼稚，可以说你的精神领域一直处于待发育状态。

4月出生的你

33岁前的你简直是让人一点都没有惊喜感啊，小小年纪就四平八稳，没有把握的事不做，没有把握的话不说，人家让你干点什么你先问有计划吗？年轻人有点朝气有点冒险精

177

神好不好？你这个样子活脱脱一个办公室大叔好吗？你外在张扬、莽撞，但内心很保守，有很多不能逾越的底线，你总是被细节牵着鼻子走，固执得要命。是一个特别现实的人，任何脱离现实的东西你都觉得不值一试，过日子才是你关心的话题。你从小就无师自通地认为如果没有钱就不会好过，不了解的以为你童年多坎坷那。

5月出生的你

32岁之前你浑身散发着不安分，对世界的好奇心爆棚，从小就特别有主意，想起一件事就冒冒失失地去做。你从小就是那种恨不得来一场龙卷风把你卷走的小屁孩，你期待自己的人生戏剧化，在成长过程中，一直都表现出一种冒险的冲动，完全听任自己内心的声音，最怕别人拘束，自由散漫、虚荣肤浅，一些所作所为简直就是怪咖。你一直都随性，随性到最后连自己是不是真的随性都搞不清楚了。

6月出生的你

31岁之前的你是个道德狂，骨子里浸透着传统两个字。就算如何前卫时尚，你还是会在做每件事情之前先考虑亲人们的利益和感受，考量这件事是不是对大家很好？你很孝顺，是孝子典范，经常会为了爹妈的期盼去做一些明显超出自己水平太多的事。感情是你的短板，喜欢照顾人的人耍起横来更难搞，绝对是真理。你老有不平衡的感觉，认为别人都不如你那么有奉献精神，提醒你当心沦落成怨妇哦。

7月出生的你

30岁以前你太喜欢和真理做伴了，以至于从小到大都不怎么受俗人欢迎。不可否认的是，世间的人在你眼里基本都属于俗人范畴。你太多疑，喜欢抓细节，还喜欢事事往坏处想，觉得这个世界危机重重，别人都是在拼命自我麻醉，只有你站得高看得远。你浑身都是不安全感，感觉没人值得你

信任，甚至连自己都得怀疑。你每天都要自省，每天都要给自己找点事琢磨，直到找出这件事的根源才算完。你喜欢自己思考、探索，有自学的天赋，其实只要把思想摆正点，成点事还是比较容易。

8月出生的你

29岁前，你坚信有钱有权的人才是世界的主角。别人对你的评价都惊人相似——爱钱，你也不掩饰。谁不靠钱过日子，有种站出来！你经常会因为眼里只有钱而忽略其他，你有领导力又有头脑，还深知钱的重要性，干事业比别人有优势，但是也常常欲速则不达。你没耐心踏踏实实一步步走向成功，没学会走就想跑，为此不惜让自己阴险狡诈，无所不用其极。因为你实在是太想投机取巧了，到最后跌得比谁都狠。

9 月出生的你

28 岁前你很有灵性，但这不妨碍你经常耍赖、打滚，你觉得就算想表达自己的喜好也得师出有名，成天忙着自恋，忙叨叨的没时间去搭理其他人，你会好羡慕大家都那么坦率。随着灵性开始显露，你开始关注自己的内心世界。你有纯洁的想象力，苦恼于现实如此不同，弄得很多时候有避世的倾向，就算勉为其难羁绊红尘也是一副得道高人的样子，挑剔来挑剔去，老不随和了。

10 月出生的你

27 岁前的你尽管有 1 的特点，但明显很会看人脸色，懂得拍马屁和迎合的重要性，能屈能伸。你的傲气和不屑藏在骨子里，好表现。说实话，如果你是男生，犹犹豫豫地经常会给人造成"娘"的感觉，其实真是他们不懂你，因为你早就成竹在胸了，寻问别人只不过是走走过场，顺便表示一下你的平易近人罢了。

11 月出生的你

26 岁前的你，明显放大了 1 的个性。11 是个卓越数，聚集了 1 和 2 的能量，1 的自大、傲慢、光说不练，2 的依赖心、纠结这些统统加到一起就变成了偏执。简单说你就是少爷身子跑堂的命。自负、自卑交替出现，什么时候自己把自己一巴掌打倒了，什么时候你就实现突破了。

12 月出生的你

34 岁前的你特别理想主义。你的生月数字是 3，所以你比 11 月还厉害，身上三个数字的能量集于一体。要阳光一点的话，你就会既有好奇心又很多情，同时还不容易受别人摆布。如果你活得阴暗点就会变成既想得多又容易想不到点子上，既想自由又胆小，既想突破又觉得太没规矩的那种人。这些秉性你方唱罢我登场，在你身上来来往往，热闹到不行，你可得自己把握好节奏。

第二节

出生日(青年至壮年)

生日是每个人人生履历的开端,在生命长河中只占很小的一瞬,但就是这个已经过去的时间点,就会造成人与人种种命运的偏差,就像十字路口的指示牌,每一块都指向不一样的前途,你能从生日数里快速地读懂自己的基本特征。青壮年时期最为突出的就是生日数的表征,所以喽,当你下次再听说XXX和你同月同日生的时候,别光感叹"好巧"之类的,过去打个招呼吧!

生日数的计算方法非常简单:

每月 1 日、10 日、19 日、28 日生日数 1，你的生日数是 1。

每月 2 日、11 日、20 日、29 日生日数 2，你的生日数是 2。

每月 3 日、12 日、21 日、30 日生日数 3，你的生日数是 3。

每月 4 日、13 日、22 日、31 日生日数 4，你的生日数是 4。

每月 5 日、14 日、23 日生日数 5，你的生日数是 5。

每月 6 日、15 日、24 日生日数 6，你的生日数是 6。

每月 7 日、16 日、25 日生日数 7，你的生日数是 7。

每月 8 日、17 日、26 日生日数 8，你的生日数是 8。

每月 9 日、18 日、27 日生日数 9，你的生日数是 9。

命数对照的第二阶段的年龄范围表：

命数	第二阶段
1	28～54岁
2或11	27～53岁
3	35～61岁
4或22	34～60岁
5	33～59岁
6或33	32～58岁
7	31～57岁
8	30～56岁
9	29～55岁

　　还拿刚刚那位1982年4月29日的仁兄做例子，命数8，生日数是2，那么他在30岁至56岁之间都会呈现出2的特征。

　　生日数的解析，参考前面第二章。

第三节

出生年（晚年）

年份数简单说来就是将年份数依次相加，最终得到的那个个位数。如 1982 年生，1+9+8+2=20=2+0=2，年份数就是 2。年份数是对个人晚年有所启示的数字。在你的第三阶段，年份数的影响开始主宰你的行事和性格。

命数对照的第三阶段年龄范围表：

命数	第三阶段
1	55岁后
2或11	54岁后
3	62岁后
4或22	61岁后
5	60岁后
6或33	59岁后
7	58岁后
8	57岁后
9	56岁后

年份数为1的人出生于：

1945、1954、1963、1972、1981、1990、1999、2008、2017

到老你还是闲不住，到处寻找新的刺激和挑战，好在即便年龄增长你的生命力依旧旺盛——这得益于你的开创精神。你积累了很多资源，拥有众多过去想象不到的东西。提示一下，需要注意一下心脏和血压。

年份数为2的人出生于：

1946、1955、1964、1973、1982、1991、2000、2009

你不知道什么叫"宅"，年轻的时候不知道，老了依然不知道。"狐朋狗友"一大把，喜欢的事也一大把，多才多艺的好处现在开始显现，你会发现有更多的事情等待你参与。情感是你生活中的决定因素。多看看养生方面的书和电视节目，少吃点糖，注意胃和消化系统。

年份数为3的人出生于：

1947、1956、1965、1974、1983、1992、2001、2010

你的表达能力超强，你善于找到全新的表达途径——比如唱歌、演戏。喜欢找人聊天，热衷交际。职业稳定，有一定的声望，但是特别容易自我定位偏差，觉得自己什么都能干。喜欢聚会可以，但是记得少喝点，注意一下血压，时常按摩按摩脚没坏处。

年份数为 4 的人出生于：

1948、1957、1966、1975、1984、1993、2002、2011

你的勤勤恳恳和务实几乎成了一种惯性，总之就是闲不住，总得找点事干顺便赚钱。提早规划自己的人生会对你帮助很大。管住自己的脾气，否则会遭到别人的误解。开朗点，别悲观，忧郁症如果找上来可不是闹着玩的。

年份数为 5 的人出生于：

1949、1958、1967、1976、1985、1994、2003、2012

依旧充满好奇心，会为了自己的兴趣不管不顾，从中寻找到属于自己的那份自由自在，但是容易被很多杂事分散注意力，从而找不到重点。你得看看自己的能力再下决定，否则得不偿失。特别注意健忘症、痴呆等精神方面的问题。

年份数为 6 的人出生于：

1950、1959、1968、1977、1986、1995、2004、2013

你就是个老保姆的命，岁数大了还要帮自己的儿女带孩子。喜欢一大家子人聚在一起。好多人都把你视作家庭支柱，你会成为"善良、热心、能干"的代名词，你满足于照顾大家。要注意高血压、超重、关节以及腿部的问题。

年份数为 7 的人出生于：

1951、1960、1969、1978、1987、1996、2005、2014

你有种感觉，到了晚年喜欢独处——那是你的错觉。你一辈子都喜欢自己待着，晚年也不例外。到了这个时候，你发现自己总结了一辈子的经验得想办法留下去，同时也有了很多需要你再次学习的新东西，容易陷进对宗教的研究。轻松点，乐观点，事情不总是往坏的方向发展，注意肠胃。

年份数为8的人出生于：

1952、1961、1970、1979、1988、1997、2006、2015

你在社交上依旧活跃，甚至依然能用八面玲珑来形容。你渴望成为焦点，会频繁出入各种社交活动。因为你一辈子向钱看，所以到这时候过得不会太差。喜欢和人讨论宿命、轮回。得注意情绪，大起大落容易感到空虚寂寞。

年份数为9的人出生于：

1953、1962、1971、1980、1989、1998、2007、2016

如果你攒够了钱，那你应该就是大慈善家；如果你特别有名，那你就会成为精神导师。你在人群中就是高尚的代名词，容易成为公众人物。去参加聚会吧，或者出门四处旅游。你得避免和别人起争执，还要小心外伤。

第八章

"积习难改"的限制数

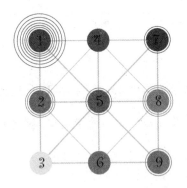

何为限制数？

这些数字代表着你从小到大"积习难改"的那部分，能显示出的类型有很多种，比如天生的思考行为模式，或者是在父母身边被惯出来的陋习，总之就是你面对一个问题时做出条件反射所表现出的行为模式。举个例子，两个孩子同时摔倒，一个大哭不止，直到父母走过来抱着哄来哄去又给零食又买玩具才停止哭泣；另一个则自己拍拍膝盖，站起来继续走——虽然短期看，会哭的孩子往往得到的好处多，但从长远来看，还是坚强的孩子比较吃香——这些条件反射的动作和回应就是限制我们的地方，虽然你身上的这些部分挺难改的，但是为了自己好，还是注意一下吧！

限制数算法：

把自己的生日月份及日期相加，月＋日。例如：4月29日，就是2+9=11=1+1=2，4+2=6那么这位仁兄的限制数就是6。再举个复杂点的，12月29日生，这样加，1+2=3（月），2+9=11=1+1=2（日），然后把月的个位数和日的个位加一起，3+2=5。

限制1：

死要面子活受罪。你不自信，而这不能怪你，主要是你成长的环境从小到大就没有给你培养自信的机会。小孩子需要夸奖，可是你的监护人肯定是那种"打击之下出贤者"的信奉者，他们总觉得你做得不够好，有可能本意是想激励你做得更好，谁想到适得其反呢？经常是你好不容易完成了一道数学题，兴冲冲地跑去炫耀，结果你母亲大人眼一瞥，说，你还能更笨一点吗，这么简单都耗时这么久？久而久之你就对自己产生了严重的怀疑，但是你还是有点不服气，想要努力证明"我说的是对的"，随便一个问题都用吃奶的力气去证明自己的正确性，可见你的思想包袱有多重。

你证明自己的方法就是别人对你的认可，稍有异议你就会焦躁。你一天不接受自己就永远都不会知道自信的感觉是怎样的，勇敢一点吧，一个人不可能错一辈子对不对？当你自信起来之后就会发现，其实你不用事事证明给别人看，你就是你，哪怕有残缺和不完美，但就是独一无二的！

限制 2（或卓越数 11）：

让你描述一下自己，你会说，嗯，Amy 说我很友善，可Monty 说我有点自卑，但是 Lucy 说那些都是小缺点……你成了一块拼图，得借由别人的言语拼凑起来。难道离了别人的态度你就不是你了？别人随便说句什么你就患得患失，累不累啊？有时候你会选择虚张声势来掩饰自己，生怕别人提到你的弱点，所以拼命摆出一副"我很好，我什么都不怕"的

架势，就好像随时带着防护盾一样。你超级喜欢依赖比你强大的人或者是比你有能力的人，事情都让别人干了你能不眼高手低吗？偏偏还自欺欺人地觉得厉害的是自己，狐假虎威。

无关性别，你就是个娘炮！这和小时候妈妈对你的过分疼爱有关，你是被惯大的，所以完全没主见、没有自己的标准，为了掩盖自己的脆弱，你有时还会显得特别暴躁，摆出浑不吝的态度。你得明白一件事，软弱并不可怕，可怕的是不承认自己软弱，那样的结果就是你只会永远软弱下去。

限制 3：

特别喜欢揣测别人的想法，见人说人话，见鬼说鬼话。这其实算是一种特长，随机应变的灵巧劲不是谁都能拿捏的。你很懂得看人脸色，知道说话的方式、场合、语气，什么时候该高调，什么时候要低调你把握得非常出色。这和你的童年有关，你有演戏的天赋，喜欢做戏给人看——不是为了出名，纯粹是干了坏事之后怕家长发现，所以一个劲儿地扮乖巧，结果长大成人之后就成为了你一个有力的武器。你朋友很多，很招人喜欢，但是自己独处时却很沉默，内在和外表反差巨大。

这一点曾经让很多人想不通，为什么在外面一个大大咧咧甚至有点夸张的人回到家之后会是个闷葫芦？因为你慷慨大方也好，与朋友侃侃而谈也好，都是一种"表演"，实际上你内敛而严肃，甚至是自卑的，身旁的人很容易因为接受不了这种情况而离开你。你最好想明白自己想要过哪种生活，而不是"别人希望看到"的你，扮演好你自己就好了。

197

限制 4：

你这一辈子离开"安全"这俩字就活不下去了，这和你的父母多少也有关系，他们必定是保守人群的一分子，从小就给天真无知的你灌输"安全"的重要性，过马路要看车，外出要记得锁好门，陌生人来了千万不要开门……成年了又会告诉你找个好工作生活有保障，结个好姻缘一辈子有保障，

就算过不下去了狠敲一笔后半生有保障……所以你很重视能带来安全感的一切，比如钱，没钱的时候你没安全感，有钱了你又开始担心钱花完了怎么办。没人找你谈恋爱不安全，有人找你了也不安全，你不愿意面对问题，因为那代表着"不安全"，你解决它的方法就是"当作没发生"。

你最缺少的就是勇气！你没有勇气探索自己的底线，你想过没有，你害怕的其实并不是问题本身，而是"未知"这件事，尝试一下不会死，你应该多多培养自己心中的小叛逆，时不时藐视一下所谓的"安全"，顺其自然，放松一点儿，就会轻松很多。

限制 5：

你的童年好可怜，明明是个开朗活泼喜欢窜上窜下的孩子，偏偏被父母用"你要听话，否则就挨揍"绑住了手脚，早早就和"淘气"绝缘而成为幼稚园老师眼中的"乖孩子"。内心却强烈渴望能够释放天性，但是被家长教育得习惯性压抑自己，于是只好找各种渠道来引起大家的关注。你向往自由，也希望自己能有叛逆的勇气，但是长期的约束早已经让你丧失了"High"的能力，你展现在世人面前的形象就是一个很压抑又不快乐的人，这种行为习惯会影响你面对社会，你缺乏自信、害怕责任。

你得重新学会小孩子们都会的一项技能：冒险！你在害怕什么？你在恐惧什么？这件事真的像你想的那么严重么？冒一次险吧！太乖的孩子没市场。

限制 6：

苛刻的挑剔鬼。在别人看来无所谓的事情到你这里就非得拿道德标准衡量再三，一定要分个对错，你不相信"顺其自然"这个词，满脑子都是类似"这件事这样才对"的念头，你简直就是道德楷模啊。你总有种奇怪的概念，那就是你必须达到某种条件才能做某事，达不到条件就直接去做事在你看来就是不对的，真不知道是让人感慨你父母的教育太成功

呢，还是你这孩子太死脑筋？你特别喜欢在第一时间指出别人的不足和缺点，你不是友善地提点，而是因为害怕别人发现自己的缺点而先发制人，这样一来焦点就被转移，也就不会有人指责你了。

这与你父母的感情以及相处方式有关系，你童年的家庭有可能有过不和睦的历史，所以你从小就很在意家人的态度，你需要被爱，渴望被人照顾，但是表现出来却是特别喜欢照顾别人的形象，这根本是因为你觉得爱需要交换。

这世界上不存在"不犯错的人"，是人就会有两面性，他人的好坏与你无关，抽空注意下自己的内心吧，对自己多点关注会比较好。

限制7：

高贵冷艳无所不知，这是你对自己的定位。你觉得自己很聪明，知道的很多，可你恰恰就忽略了一件事，就是"你不知道的事，太多了"，你害怕认清这个现实，所以不停地给自己催眠。举个例子，你明明没有提前猜出《名侦探柯南》里的凶手，可当结局来临凶手暴露时你依然会说"其实我早就知道了"，然后自己信以为真，拜托，你是3岁的小孩子吗？不懂装懂最可怕。

你最怕的是无知，所以你只能采取"自己早就知道"的暗示来缓解内心的焦虑，其实你太紧张了，你实在没必要无所不知，有那纠结的时间去做点实际的事吧，要知道，世界很大，你只是颗沙砾。整天胡思乱想就很容易一事无成！

限制8：

你觉得没有钱、没有名就是一种失败，所以你有特别迫切的成功的欲望，你得掌控一切才踏实，这种俗气的拜金举止将会伴随你一生。你无法容忍平凡，再加上严重的依赖情结和不安全感，你绝对会做出一些惊世骇俗的俗气举动，比如各种无耻只求曝光的举动。从小你周围就弥漫着一种氛围，成功，就是社会对你的认同，不管是工作还是学业，甚至是

择偶等等，只有不平凡的，才是好的。于是乎，这一点就成了你的人生信条。

你时刻需要证明，成功的证明，自己不平凡的证明，所以你会毫无顾忌地插手周围的一切。从上司今天的会议决定到闺蜜应该喝什么口味的咖啡，最好都由你说了算，因为不听你的话他们很有可能就"失败了"。

你得醒醒，再这样下去你就快成强迫症了，记住，科学家曾经说过，失败乃成功之母，平凡也不等于下三滥，失败有失败的意义，平凡有平凡的乐趣，身外的一切都是虚无缥缈的，只有自我的认同和肯定才是真实的。

202

限制 9：

最好全世界都需要你，你享受那种照顾别人、关心别人的感觉。你不会冷落任何人，雪中送炭是你的拿手好戏，但问题是，找你求助的人一多，压力一大，你又会不爽，会生气，会排斥。你这样就很难办了，因为你的善意和爱心并不是毫无代价的，一旦要你彻底地忘我，彻底地利他，扪心自问你能做到么？"被人需要"只是你的"需要"而已，跟善良没什么关系。

你从小就很在乎别人对你的态度，你很关心大家是否需要你，如果答案是否定的，就会感觉被抛弃了，甚至会因此抑郁、自暴自弃。其实你可以尝试着先关注一下自己的需求，想做什么就做什么，不喜欢做就不做，该拒绝的就拒绝。你又不是超人，没道理事事都应承，就算超人也有氪星球的矿石来克他，更何况是你，放心吧，一切都和平时一样。

第九章

如何面对你的流年

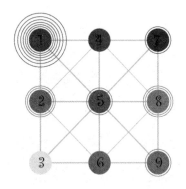

"流年"是什么?

1至9代表了一种宇宙间周而复始的规律,与我们的生命周期有着奇妙的呼应,而流年就代表了每一个人身处当下年份中所面对的机遇、挑战。如果把你的人生比作一段距离超长的越野马拉松赛跑,那么流年就好比大赛组织方安排在道路两侧的道路情况指示标,让你知道你即将面对的是什么,让你有可能提前做好准备。接下来,准备好纸笔,计算一下吧!

如何计算

将你的出生月和出生日数字加起来,再加上你想要知道的流年的年份。

205

比如1982年4月29日出生的人想要知道今年，也就是2017年的流年数字，我们就用月日再加上今年的年份，即：4+2+9+2+0+1+7=25=2+5=7，那么7是她2017年的流年数。

每一个流年数字都有正面积极的因素，也会有一些潜藏的风险，扬长避短才是王道！

流年1：

万象之始，百废待兴。这一年对你来说是开创的一年，会出现很多新的变化、新的机会、新的挑战，这是你改变以往行事作风的大好机会，你浑身正能量满满，不要害怕，迎难而上，展现出你的魄力和决心。这一年充满变动，变动的范围有可能包括但不仅限于换工作、搬家、新的恋情、新 Case 等等，变动出现在哪个方面得结合你自身的情况全面来看。

但是，别以为今年是开创之年就沾沾自喜，得意忘形。虽然形势一片大好但纷乱的机会会让你陷入焦灼和迷茫中。所以，流年数为1时，遇事切忌操之过急，应多听听身边人的意见，想好再做，否则很有可能一步错，步步错。至于墨守成规的同仁们，改变命运你想象的那么可怕，拒绝改变，会把美好开端的数字 1 的能量都会被你白白浪费掉了。

流年 2：

今年对你来说是建立合作关系的一年，看起来波澜不惊其实暗潮汹涌，适合稳中求发展。很多准备、筹划都在暗暗地进行，这个时候你最需要做的是观察、准备，让自己尽可能全面掌握周边的讯息，把自身调整到一个最佳状态，拓展人脉制定目标，一点一滴的进步看似不起眼，但积攒起来就会拥有关键时刻改变局势的力量，说到底，多积攒点人脉、未雨绸缪对未来帮助很大。

虽然适合与别人达成合作，但也不能人云亦云，亦步亦趋，这样很容易受骗上当，当然也不能唯唯诺诺，退缩不前，胆小怕事。记住，淡然一些，压力都是自找的，别让不相干的人事干扰自己的心绪，试着圆滑点。

流年3：

这个年份会让你拥有磁铁般的特质，这是你吸收（人脉、关系）的一年，上一年积攒的关系会在这一年带来好的或坏的影响。

你就像一名辛勤劳作的农民，开始收获上一年种下的果实。种瓜得瓜、种豆得豆，得罪了人今年可能就会有报应，反之，积累的好事也会如约找上门。总之，上一年的人脉带来的影响今年会开始显现，无论好坏你都得承受。今年你也许会有点小忙，想法很多，交际圈也越来越广，想要做点什么事的话会比较顺利。在这一年里，你得明白自己最终想要的是什么，切忌被细节和琐碎牵着鼻子走，相信自己的直觉，善用直觉，事半功倍。3代表了一种口舌是非的负面能量，所以，你得注意一下，最好管住自己的嘴，别口无遮拦，得罪人不说还容易坏事。注意开源节流，让手头宽裕一点，别得意忘形乱花钱，要为即将到来的流年 4 数储备金钱。改掉粗心大意的毛病，否则丢东西的时候就追悔莫及了。

流年 4：

这一年，是你需要你花很多钱的一年，有可能是买房、生孩子、打点关系之类的。今年对于你来说是 9 年的轮回中比较重要的一年，如果想要换工作，我劝你最好还是先歇一歇，在目前的岗位上再扛一段时间，尽量避免异动，踏实一些还是对你有好处的。这一年你会过得比较安稳，但是时不时地会冒出想要突破自己的想法，突破不是坏事，但最好一边好好工作，一边等待适合自己的机会。

这一年你的心里会时而无端地产生恐惧和迷茫，因为坚持了许久的事情到现在还没有起色，这会让你怀疑自己的选择是否正确。没关系，在现实面前，谁都会偶尔迷茫，你得先冷静下来解决最急迫的问题——钱！你的财政有可能会出现赤字，让你开始担心今后的生活，不过，换个角度看，这

就是现实在逼迫你更努力地开发自己的潜力，乐观一点，机会往往就在灯火阑珊处等着你。

流年5：

这是充满变化的一年，有可能是往好的方向，也有可能是坏的方向，它本身就代表了巨大的转折。你的运势处于一种比较混乱的状态，充满不确定性，容易招人忌妒或者遭小人陷害。如果你本身正能量很足，就容易得到其他人的帮助。你不太想按部就班地去做事，总想有一些改变，今年是个好机会，你完全可以尝试用不同的方式解决问题，也许改变自己的套路会有意外收获。也可以开始一次说走就走的短途旅行吧！

如果你本身就是个懒蛋或者爱耍小聪明，那么在这一年有可能会受到很大挫折，令你一蹶不振。类似失去工作、恋人分手、Case被否等等的状况会接二连三地出现，你很容易因为旁人的过错而受到牵连。所以建议你这一年还是收敛一点，保守一点，节约一点，尽量避免引起无谓的争端，惹到小人，引来一身骚。

流年 6：

这一年你运气不错，好运气很有可能是财务方面的。今年是你的和谐之年，特别适合聊一聊家庭问题，比如结婚生子之类的。做点有治愈力的事情对自己大有好处。如果你身边有迷茫的朋友，你不妨倾听一下他们的苦恼，在帮助他人的时候顺便疗愈一下自己，撒播爱的妙处超乎你的想象。

自然，麻烦的事也会找上你，生活、工作、人际……甚至一瞬间全都找上了你，让你郁闷不已。其实，这种状况很好解决，那就是，抓重点！解决问题，世事无完美，不一定要面面俱到，解决主要问题就好。因为你的财运太旺，你的人际关系会有点紧张，多听、少说，多换位思考，遇事试着体谅对方的心情，多找自己的不足。

流年 7：

这一年对你来说是考验之年，无论是生活还是工作，都会遇到考验。而这一年也可以被称作是你的发现思考之年，你会开始回想自己的生活，发现很多疑问，随之而来的可能是你对结果的抱怨。你有期待，希望能够尽快得到一些收获，可现实却提醒你要稳扎稳打，情绪常常处于负面，需要你积极调整。此外，如果你有什么想学的东西，那就在今年去学吧，这是个适合学习的年份，多学点东西整装待发吧。

你常常会有独处的欲望，不想过多地参与社交活动。赚不到什么钱不说，工作还有可能遇到很大的不顺。喜欢无端地夸大问题，尤其是感情方面，喜欢疑神疑鬼胡思乱想，闷在心底最后导致忧郁失眠。这一年，你必须打败情绪这个敌人！

流年8：

这是扩张的一年，有无限可能的一年，你的运气在今年会好很多。想要创业的话今年最合适不过了。今年还是收获之年，是财年，但这些钱并不是意外之财，而是你前几年不断努力的结果。之前的努力，到了今年结果都会显现——事情无论好坏，效果都会翻倍。如果是投资，今年就会回收一部分资金；如果是人际关系，今年就会收获更多的友谊……所以说，流年8来临前，我们还是尽量把事情向好的方向引导一些吧！

收获归收获，要是见财起意自私贪婪就不太好了。因为你名利双收，所以会有刚愎自用的趋势出现——一旦事业受阻，可能因为急需资金周转行事更加急躁，一不留神就踏进了陷阱，血本无归。所以你得明白什么叫点到为止，无论什么事都要掌握好一个度。顺便说一句，多行善事！定有回报。

流年9：

动荡、变化的年份。要知道，9代表整个数字命理学的循环，代表深刻的反省和沉淀，你需要在今年做一个系统的梳理，看自己之前的付出到底得到了什么，之前的错误又会给你什么样深刻的教训，但是无一例外的，那些都已经是过去式，无论好坏你都得接受，并且引以为戒。这一年对你来说是提升心灵层次的好机会，你的见识会向前迈进一大步，令你明白世事无常，舍得，平衡，才能继续新一轮的战斗！

很多事你必须在今年解决，一直拖着就会变成大毒疮，该分手分手，该辞职辞职，当断不断其心必乱，这是逼迫着你作出决定的时刻，哪怕是痛苦的决定。今年不要投资创业，不是个好时机，等到一切稳定下来了再开始也不晚。对于身体不好的流年数是9的人来说，今年很凶险，小病不断，大病更不会好转，需要十分注意！

命数背后的感情世界

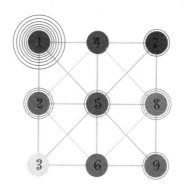

第一节
和命数 1—9的人谈爱

命数 1的感情世界

　　数字 1 属于阳性，所以最容易出"金刚芭比"一类的人物，有着这样属性的你爱情观点相当朴素，认真，而且超级有原则，是让人踏实的伴侣——除了你时不时露头的以自我为中心。你是绝对的非主流，用在你身上不带一点贬义，你最烦跟风，宁可自创门派，这使你格外引人注意。但有时候你会拿捏不好做事情和谈恋爱之间的微妙区别，经常用单刀直入的方式聊感情，所以下次再有人说你不懂浪漫又自私的时候，你千万别反驳，因为你是典型的"考虑一下别人的感受会死"的那种人。

你在家里的表现能直接反映出你的精神是否独立，你越没有安全感，就会越喜欢支配自己的另一半，严以律人宽以待己，随意干涉另一半的生活和选择，典型的"窝里横"。

命数 1 的姑娘敢爱敢恨，相当招人喜欢。只是大女子作风和偏执到爆的个性着实让另一半压力山大。姑娘，都说是在谈恋爱了，您还一副谁薄了我的面子我就跟谁死磕的心态，有点小事就像有不共戴天之仇地招呼，谁还有胆量真心相待啊，面子值几个钱？心都软了嘴上示弱又不会把你怎么样，这么死撑着累不累？

命数 1 的男同胞更逗，虽然对外展示出一派大哥风范，但是越喜欢谁就越会表现出"哥完全不在乎你"的样子，你以为你还是幼儿园里流鼻涕的小孩还是认为对方是你肚子里的蛔虫？

想好好谈恋爱过日子就好好放松一下吧，撇开眼花缭乱

的"自我"，踏踏实实地为对方考虑考虑，争个谁对谁错真的重要吗？你们都是"自家人"了还有什么可争的？真实地示弱也是一种坦诚的表现，爱情之美在于和谐与相互欣赏，而不是寻找对手。

命数 2的感情世界

我明白你急于寻找"一辈子依靠"的心态，但是咱也不能见一个就赖一个，你对人家寻死觅活的，说你是怨妇怨夫一点都不亏！而且就算两厢无事，你的小女人小男人心态也会把对方假想成超人，让自己分不清楚利用和爱的区别。觉得别人帮你、养你是因为人家离不开你，你连自己想要什么都没弄清楚呢，就自私地奢望别人清楚？

你太明白察言观色的好处了，所以几乎是下意识地把对方的一举一动都看在眼里记在心上，让对方瞬间觉得好贴心。对于那些事事想主导的人来说，你就是完美的另一半——因为你在两个人的关系定位中，绝对是听话的那一个，让干什么干什么，遇到问题就马上甩手给对方做主。本来到此打住就好了，可你的问题是当人家已经习惯帮你指点江山之后你又找不到自己存在的价值了，还有，是谁告诉你说喜欢一个人就要奉献到吐、无耻迎合？付出是你的事，要求对方同样的付出甚至更多是怎么回事？得不到就往死里唠叨，处处挑剔，神仙也能被你逼疯！

对感情世界充满幻想不是坏事，但是"天长地久，海枯石烂"也是要靠两人之间的感觉、缘分还有努力的，都已经"与君绝"了你还死撑着不主动分手也就算了，分手之后还非要和人家保持朋友关系是要闹哪样啊？

219

命数3

你最致命的一点就是把可爱善良、温柔可亲的一面全部留给泛泛之交和陌生人，然后把超级顽固难搞、惹人生气的一面

一股脑儿地保留给了身边最亲的人，你说你是不是有病啊？

和你谈恋爱就是灾难，因为你好像搞不清楚游戏里玩"订制恋人"和现实中寻找恋人之间的区别，从脸型、发型、肤色、身高到爱好、职业全都先在心中设置好再按图索骥，你累不累啊？一旦碰见理想的对象，不管人家是不是喜欢你这种风格，有没有男友，你都会立刻义无反顾地陷入情网，不管不顾的，就算两人从没开始或者已经分手、离婚，都会一如既往地执着，真够悲催的？放不放手这结局都注定是人家和男/女主角幸福地生活到老啊，你还在挣扎什么呢？说好听点你是全心全意地爱着人家，不好听就是你分明是死缠烂打啊！

你根本就是终身幼稚，一边对人家爱得不行，一方面又怨气冲天，觉得人家没有时刻赞美你、关注你、事事以你为中心。天天和猜谜似的擅自揣测对方的想法，一旦和你的想法不一样就会想办法吵架，刻薄讽刺乱发脾气。你的情绪远比龙卷风难预测，情绪好的时候和糟糕的时候完完全全就是

220

两个人，脾气一上来不管不顾，上蹿下跳，形象性格都被你抛了个干净，越有人哄你你就越来劲——造成这一状况的原因就是你觉得你没有被人关注，你打心里害怕被忽略，需要在感情中被肯定。你纯靠外界的认可来寻求情感安全而不是从自己的内心获得，你的恋人态度稍微有点偏差，对你来说就相当于全盘否定，于是你就失控爆发了。

你爱浪漫，却又放不下现实，于是就把自己弄得一团乱。情感方面绝对的不成熟，别人一提起你，只会说俩字"幼稚"。找个比你成熟的人吧，既欣赏你还能像你父母一样包容你，这才是你理想的安全感。

221

命数 4

命数 4 的人最大的安全感来自于家庭，稳定的家庭对你来说是积极的基础，混乱的家庭会让你极度不安，进而想拼命抓住任何可以给你"安全"联想的东西。所以你的感情挺

实际，相当传统保守，你轻易不会出轨，一旦出轨多半是对面那个人出了点问题。你可靠，有责任心，最大的愿望是有一个和谐的家，选恋人也都是以结婚为前提，一旦认定，马上就会展开联想，成家立业生孩子一条龙。你的语言系统里没有"甜言蜜语"这个选项，完全不明白对方脑子里想的是什么，想要什么，你感觉自己有实际行动就足够了。你责任感爆棚，但问题是，有的时候你会把责任感和爱混淆，经常会想"作为丈夫／妻子，我应该包容你"而不是"我爱你，所以我包容你"，这点需要仔细体会，其实很微妙。你希望对方像你一样有原则，一旦发现有点不一致，就会忍不住去操控对方，压迫别人的同时自己也累得喘不过气。如果你找到了对的人，你的整个运势都会为之好转！

命数4的人其实真心不是花心大萝卜，但是内心极度缺乏安全感，导致你不停地四处索取感情依赖，以此来缓解自身焦虑，所以，被人说"种马""花蝴蝶"也是自然的。

命数 5

你知道吗？在感情世界里，喜欢自由可不是一个什么好的个性。你知道既要爱情又要自由的难度有多大吗？你理想的爱情是各自拥有独立的空间，不需要相互依赖。坦白说，符合你要求的人太少了，所以你会由衷感到单身比较好，这样就不用被责任拖住。

在寻找另一半的问题上，你绝对不会盲从父母的意愿，坚决听从自己的内心，完全不在乎外界的看法，人家越反对你就越牢靠，就算最后发现认错了良人也绝不后悔。与平常人的恋爱婚姻观不同，你希望打破常规的性格尤其突出，最好是来一段惊世骇俗的情感与婚姻才称你的心。你寻找另一半的时候，浑身上下都是荷尔蒙，失恋和恋爱就像吃饭喝水一样速度，根据自己的心情，你还可以变态地将这些恋情归结为"很认真"和"很不认真"的。其实你不用找那么多借

口，如果你对自己说想安定，但又实在担心失去自由，那只能说明你还没找到对的那个人。

即使你自己传统又保守，在毫无恋爱经历的情况下早早结婚，半途也会出现不可预知的激荡恋情，因为你不会放过任何一个"补课"的机会。你的成熟和年龄无关，而在于经验，当你爱上一个人的时候也许会在短期内迎合、改变，但基本上过不了多久你就烦了，然后分手，再遇见一段，仍旧是这一套，一来一回你就会明白自己真正想要的是什么。

命数 6

命数为 6 的人号称本质就是爱，但是这并不代表你生来就具备这一能力，恰恰相反，你最缺的就是这门课！你渴望爱，最大的愿望就是家庭美满，这点和 4 数一样，只不过 4 数人比较看重实际，物质是他们关注的重点——这点反而好达成。你的重点却放在了"人"身上。当你喜欢上一个人的时候，你会完全忽视对方身上的缺点，真诚地为彼此的共同点而庆幸。一旦亲密了一段时间，人家的不足、缺点就开始在你眼前清晰起来，于是你就忍不住开始挑三拣四，这也不对，那也不行，龟毛得不要不要的——没办法，谁叫你主要关注的就是细节呢，满眼的琐碎，针尖大的事也会让你郁闷很长时间。你总是在说"我觉得你应该怎样怎样"，但凡人家不按你说的或者想的来，你就会妄图改变或者控制对方，人家不干，你就会立刻摆出小媳妇嘴脸，一副纯天然受害者的姿态。你对别人的好都是明码标价的，你在心里早就计算好了将来的回报，甚至回报的时间你都想提前安排好。偏你还认识不到自己的问题，总觉得大家缺了你就会诸事不顺，为了达成你这邪恶的小心思，不惜在某些关键时刻刻意制造没你不行的局面。

你喜欢照顾别人，那是你的爱好。不管对方年龄大小，你总会把对方当孩子一样照顾，所以只要是跟你在一起生活的人，都会有"生活不能自理"的风险。你很矛盾，既希望有人能照顾你，又在行动上更愿意照顾别人，而且最要命的

是人家照顾你还得必须用你的标准和准则，稍不及就挑剔唠叨抱怨，比如做家务，你会一边干活一边抱怨说全家只有你一个人爱干净，其他人懒得像猪。如果家人偶尔勤劳一下想减轻你的负担，你发现后就会大发雷霆，说这不干净那儿没有按照你平时的方法来。然后会一边唠叨发泄对别人的不满意，一边再做一遍，末了再加上一句注解，以后不许人家干，要不你还得返工，更累……终极原因就怕人家不需要你了，失控了。

命数 7

除非你自己捅破，否则不会有人知道你爱上了隔壁老王的妹妹王小花，因为你实在是太克制了。我可以理解，这是你需要空间和安全感的表示，但是可不可以不要这么讳莫如深呢？你如此莫测，一会儿热情得恨不得尾随，一会儿又板着脸躲人家八丈远，你是想谈恋爱还是想玩"猜猜猜"？很明显会让人家不知所措，我理解你这不是玩暧昧，而只是不确定王小花是不是你命中注定的爱人。你让人恨得牙痒痒的还有一点，就是如果你发现对方真的喜欢你，并且表露出主动的意思，马上就会撤退，因为你觉得被对方抢先主动让你不爽、没安全感。你也主动爱过，而且相当忠贞，甚至不惜改变自己适应对方，但是你的表现只会让人家感觉到你旺盛的支配欲，最后吓得人家要么出墙要么出轨，你再怎么表现得无怨无悔，也都无法遮掩你虎视眈眈的窥视和控制欲，你越害怕什么就越来什么。

你擅长看透他人的心思，却弄不清楚自己想要什么，你其实很不自信，即使你有一段很幸福的感情，潜意识里你还是担心关于"忠贞"的问题，搅得自己疑神疑鬼。你相信"灵魂伴侣"，觉得以物质为基础的感情不牢靠，你希望自己的感情生活是既如胶似漆，又各自独立。不用想也知道，这个目标挺难达到。所以就看你运气好不好了，你晚婚的概率很大，因为你绝不凑合。

命数 8

　　有多少人是被你表面上的好脾气吸引过来的？给人一种特深情、特温婉的爱情电影主角印象的你，其实是个控制狂，倒不是说你有多么虚伪或者做作，你只不过是忠实地听从于自己的内心罢了。你会以自己的方式去追求和对待对方，深情款款不容别人拒绝，给别人的感觉却好像不太舒服，但具体哪不舒服、怎么不舒服又说不上来。

　　你不喜欢和伴侣吵架，有不满还不说，臭着脸干自己的事，想让对方先开口问，可真问了你又一脸"你应该知道是什么事才对"的表情，让人抓狂。明明彼此之间有约定，但是为了自己一定会首先破坏规则，比如说大家说好了赚钱各自花，但是你一定会想方设法让对方为你付账。你的另一半必须得是相当独立、成熟的人，不管是精神还是经济方面，有主见，能支持你的事业，又能照顾你的生活，这样的人会激发出你更大的潜力，但是你恐怖的支配欲会让你即使拥有了稳定的恋情和婚姻，依然会有分手的可能性。

命数 9

你就是个想恋爱的和尚，你说这事麻烦不麻烦？没人弄得懂你，你总是喜欢那些懒得不行还有怪癖的人，太不实际，恋情一开始就透着一股悲情的味道，你对人家好，好到最后就会变成纵容，这真的很要命。你喜欢把伴侣当小孩看，觉得他们需要受你照顾一辈子，你受不了人家对你好，贱兮兮地觉得这样就剥夺了你奉献的机会，让你找不到自己存在的价值，其实，这些都是你的一厢情愿，只有你一个人在那想得很开心。还有，分个手怎么那么难？都经营不下去了还死抓着有什么意义？你是受虐狂吗？死抱着过去不放的人是没有未来的！

第二节

你和他（她）是这样分手的

命数 1

1 数与 1 数　简直就是无聊的八点档肥皂剧现实版，因为一开始看对方都还蛮独立，所以勉强能相处愉快，但是，等到剧情铺开，发现对方和自己一样都在暗地里希望"你多照顾我一些好吧！"于是瞬间微妙起来，自此渐行渐远，你们还是当朋友吧……感情什么的就算了吧。

1 数与 2 数　如果你们两个在一起吃鸡蛋，1 会只吃蛋清，2 会只吃蛋黄，绝对互补哦，看似神配对吧？错！过不久熟悉了之后，1就会说："喂，我也想尝尝蛋黄的味道，你必须给我，否则要你吃蛋清！"而2就会想，你根本都不爱我，你要是爱我为什么会想抢人家的蛋黄还逼我吃不喜欢的东西？结果只有分手。

　　1数与3数　你们俩是典型的"条件情侣"——也就是说，如果满足一定的条件，天哪，你们绝配哦，但是一旦两个人彼此的目标不在同一方面（比如说一个想要事业，一个想要家庭）那很快就会斩断情缘，虽然彼此都有鸡同鸭讲的感觉，但因为实在不了解对方说的是什么，所以即便分手后还会彼此客客气气的。

　　1数与4数　你们都是缺爱的孩子，安全感对你们来说比空气还重要，但是4觉得朋友和安全感同样重要，1不这么想。你们一开始会觉得彼此很合适，也不能说没有天长地久的可能性，但等到两个人都觉得找到安全感了之后，就没有办法在一起愉快地玩耍了。

　　1数与5数　真心想好好恋爱的好小孩，但问题就在于，

231

生命密码

1到后来会变态地把5呼来唤去，还美其名曰"看看你到底多爱我"，拜托，是个人都会认为这是侮辱好么？能忍受下去才见鬼！

1数与6数　这两个人可谓1缺爱，6爱泛滥，但是6总是付出不见回报，于是心生不满，于是又悲剧了……

1数与7数　因为想法相似而接近，因为生活差异而疏远，一个是急脾气，一个是大磨蹭，然后为两个人谁的方式对而天天打架，别扭得不行，分手之后还说不出为什么。

1数与8数　简单说来，8是被1光鲜亮丽的外在给骗了，觉得"哇塞，好有魄力，好像老大"，然后呢？然后8就开始想方设法要自己领导这个老大，而1则该干什么就干什么，根本不鸟，结果呢……你猜？

1数与9数　9对于1来说是一个很有趣的存在，再加上很会照顾人，1会很享受，但过不了多久1就故态复萌，想自己说了算，9就会觉得，原来你一直在骗我，一直在利用我，然后就Game Over。

232

§ 第十章
§ 命数背后的感情世界

命数 2

2 数与 1 数，见前述。

2 数与 2 数　天雷勾地火啊，一眼误终身啊，因为彼此对对方都有亲密感和熟悉感，所以几乎可以说是立刻就开始了如胶似漆的恋情。但用不了多久，双双觉得是被对方利用，都觉得对方自私，开始互相唠叨，又都不想分手，旁观者都急眼了，你俩还在纠结。

2 数与 3 数　如果 2 正巧是 3 理想中的恋人，那这段恋情就会一日千里。如胶似漆之后，2 就会故态复萌，各种批评各种分析各种依赖，3 就会大大的不爽，然后各自开始找下家，最后，分手。

2 数与 4 数　爱情是你俩共同的安全感，可爱情永远复杂多变，一旦其中一方有所变化，你俩彼此的信赖感就会破裂。如果说 4 开始感觉 2 有所隐瞒和欺骗，根本靠不住，你俩没

233

有第二个结果，直接分手吧。

2数与5数　这两人沟通上没问题，但对"爱"彼此都有不同的看法和定义。5是自由之子，比起和恋人在一起来说更喜欢无拘无束，但2就是块牛皮糖，恨不得不分昼夜黏人家身上，然后2就觉得你离我好远，5就觉得2你没病吧，这么不相信我还妄想控制我。于是，5潇洒地挥一挥衣袖，剩下敏感多情又絮絮叨叨的2。

2数与6数　俩人都号称自己喜欢照顾人，互相照顾来照顾去的结果就是，2变成懒蛋，6觉得自己被占了便宜，然后开始后悔，再然后开始想放弃，2瞬间没了主意，只能顺其自然得过且过，最后莫名其妙又顺理成章地分了手。

2数与7数　你俩在一起感觉就像福尔摩斯和华生，没影的事都能讨论出条条框框来。然而2需要亲密感，7却需要距离感，所以7会想方设法一个人独处，被冷落了的2不爽了就直接Say拜拜。

2数与8数　俩人都喜欢腻在一起，无论身体还是心理，

8看见2没有做主的意思于是开始调教2独立自主啦、天天向上啦，2被弄得乱了阵脚，无法理解，最后决定分手。

2数与9数　又一对对于"亲密"看法相同的爱侣，但是两人在一起久了2会看不下去9的随性，天天唠叨，9很不高兴，于是尊重消失，爱意远离，最终分手。

命数3

3数与1数、2数的人，分见前述。

3数与3数　如果你俩有同样的理想，绝配！但一旦清醒了面对现实，第一反应都是拒绝接受现状，然后开始吵架，虽然还会在一起，但基本已经貌合神离，等到遇见了新的对象，马上分手！

3数与4数　如果你们憧憬的是同样的东西，特别是其中一个人财力或者其他能力可以提供安全感并实现共同理想时，你们身在桃源乡。然后，4的现实感开始出来作祟，想要改变

3 的不切实际，3 一忍再忍，最后忍不下去了，开始吵，然后分手。

3 数与 5 数　两个人都是社交动物，特别容易混在一起，然而 5 会慢慢发现 3 的顽冥不灵，3 对于 5 所崇尚的自由随性超级没安全感，于是就开始想方设法控制 5，然后 5 就会直接说拜拜。

3 数与 6 数　两个人都好心，都想帮助对方，都觉得自己能帮忙改善对方的内在和外在，但是，6 会看不惯 3 的肤浅，延伸开来开始感觉自己的努力白费了，然后开始生闷气，等到两个人把对彼此的尊重消磨了之后就一刀两断。

236

3 数与 7 数　7 喜欢 3 的开朗天真少根筋，但熟悉之后就会问：3 真的是这样的人吗？然后 3 开始觉得"你怎么能质疑我"，于是爱意消退。7 发觉之后想办法要弥补俩人之间的裂痕，但问题是 3 一旦受了伤就会陷入"苦情主角妄想症"，最后分手！

3 数与 8 数　3 的理想太蒙人了，8 就是受害者，开始的时候彼此相处得还不错，但8会发现只要改动一下目标或者策略就很容易达成理想状态，而3多半会嗤之以鼻，绝对不听，两个人迅速陷入低潮，分手！

　　3数与9数　你们两个都够有趣的，因此只要你们俩是觉得好玩，这段恋情基本上来说还是蛮安全的，可是一旦需要你们面对现实，关系就会陷入僵局。9会努力照顾3，但3会表现出一副毫不感激的态度，一直这样下去的话，除了分手还能干什么呢？

命数 4

　　4数与1数、2数、3数的人，分见前述。

　　4数与4数　一开始的时候，是不是觉得找到了生命中的另一半了？不过慢慢的，彼此的单调、古板、无趣就显现出来了，安全感此时也变成了很重的包袱，让你恨不得甩掉对方去找其他安慰，比如投身于工作或者干脆另找恋情。好消

息是，你们就算已经下定决心分手，也会纠结拧巴很长时间，你就姑且当自己是虐心电视连续剧主角好了。

4数与5数　5数的人超级喜欢被人疼爱，4数正好很对他的胃口。但是，5数善变，而4数恰好最忍受不了的就是"变数"，这简直让你超级没安全感，然后你就会想方设法把5圈到你自己的规则中来，再然后，就没有然后了。

4数与6数　你们都是照顾人的好手，所以彼此都很开心。一旦出了问题，那绝对就是要么4照顾得过于细致以至于威胁到6自身的存在价值，要么就是6付出的太多但是完全感觉不到相同的回报。你们真的是天生一对啊！

4数与7数　4的顽固和保守在7看来也是稳定的一种方式，4则发现自己可以给7提出很多有用的建议，本来配合得挺好，但是当7需要自己的空间去干点别的时，4就会受不了，就会无理取闹找茬甩狠话，然后，彼此都觉得"原来你根本不爱我"。

4数与8数　8有着4没有的勇气和决心，这点很吸引4，但问题是冒险总与成败有关，8会摔倒了爬起来继续冒死向前冲，4就会觉得再这样下去不像话，然后开始对着8念自己的"紧箍咒"，妄想框住8，8绝对不服，于是开始争论谁说了算，然后，挥一挥衣袖，不带走一片云彩。

4数与9数　你以为自己遇见了一个像天使般纯洁的人，但问题是，这个单纯的9真的是梦想大于现实，务实和他基本无缘。4一旦发现没办法改变9，就会果断放弃，而9在受到4无情的批评和操纵时，就会觉得"咱俩彻底完了"。

命数5

5数与1数、2数、3数、4数，分见前述。

5数与5数　你们两个人完全理解对方对于空间和自由的索求，所以应该会很快乐，但是如果一方感觉另一方的自由有点"过"的话，你们的平衡就会被打破，一旦开始想要影响或者是规劝对方，就会被视为向对方施加压力和控制，然后两人

就玩完了。

5数与6数　5喜欢6给他的照顾和爱，然后就会理所当然地认为这是自己应得的，6如果得不到相等的回应，就会心理失衡，然后开始对5唠叨，俩人开始冷战，最后分手。

5数与7数　你们俩喜欢的东西类似，但是7从5身上感受不到安稳，于是开始想掌控彼此的关系，最后大家发现，还是做朋友吧，或者说，两个人都有各自的事业，为了事业只好不要爱情喽！

5数与8数　5喜欢8的勇气，8觉得5会带给自己回报，所以开始着手规划两人的未来。5散漫惯了，8开始好言相劝，5就反抗、抵触，觉得8干涉自己太多，最后，关系破裂。

5数与9数　你俩在一起挺奇葩的，因为9喜欢对所有人表达关怀，所以有可能会希望拽着5一起向目标前进。起初5觉得好玩，但是越往后越发现没有自由，然后，自由没了，爱也没了。

命数 6

6 数与 1 数、2 数、3 数、4 数、5 数的人，分见前述。

6 数与 6 数　你们俩在一起应该可以很好地互相照料，但是就看能保持多久。一旦其中一人做得比另一个多，就会感觉自己是被利用了，而做得少的则把人家的好意当做理所当然，然后自然而然就会出现问题，最后分手。

6 数与 7 数　7 很喜欢 6 一眼就看出问题所在并加以改正的能力，7 也有这种特质。但 6 这样做是因为那是他们生命的意义，7 这么做是觉得"可能"因此找到意义也说不定。7 受不了 6 动辄就全情付出，6 则看不惯 7 需要反复计较衡量之后再行动，最后，6 真心觉得 7 不上档次，不值得尊重，最后两人只好决裂。

6 数与 8 数　6 欣赏 8 的勇敢、果断，而且更妙的是 8 的所有行动看似都有回报，但是 8 不能强迫 6 做出有违他们价

值观的事情，一旦这样，就会有问题——尤其在是否伤害他人的问题上，两个人吵来吵去，爱情就没有了。

6数与9数　6喜欢9的单纯，觉得这就是自己想找的那种他可以去照顾然后还可以获得回报的人，但是要不了多久6就会觉得9对两人的感情不专心，6希望9只对他一个人好，但问题是9会对所有人都一样好，最后只能分手。

命数7

7数与1数、2数、3数、4数、5数、6数的人，分见前述。

7数与7数　你们俩在一起时会一起分析很多事，相当有趣，但非常容易忙着忙着就把对方给忘了。这时候问题就来了，好像彼此都亏欠对方，不让对方快乐似的，两人都想自己独处，最后分手告终。

7数与8数　7喜欢8的勇敢积极，8能把7的想法落实，合作顺利则一切顺利。但要不了多久，8就会开始想主导局势，然后 7 开始不服，8 如果太坚持，并且固执的话，7 就会觉得没意思，渐渐疏远，8 则会责怪 7 的不配合和拖延，最后分手。

7 数与 9 数　7 喜欢 9 的单纯，但 9 讨厌 7 的磨磨蹭蹭和唧唧歪歪，认为 7 自大又自私。如果 7 想主导 9 的梦想，9 就会退缩不前，然后 7 就会开始各种分析各种怀疑，最后分手。

命数 8

8 数与 1 数、2 数、3 数、4 数、5 数、6 数、7 数 的 人，分见前述。

8 数与 8 数　你们相处起来更像是朋友，一起做计划，一起畅想未来。但是有时候你们自己都弄不清楚彼此是为了什么才在一起的，相互利用？爱情？人脉？但是你们都清楚地知道，自己才是应该做老大的那个，对方不是，于是开始吵架，吵归吵，分手却很难，因为你俩的关系一开始就不那

么单纯。

8数与9数　8被9的才华吸引，觉得人家大有潜力，更觉得自己有责任不让这些才华被埋没，于是开始筹划、激励9向更高的目标挺进，但是9完全不喜欢这种方式，完全不接受，于是两个人开始发生冲突，而后各行其是，直到两人背道而驰。

命数 9

9数与1数、2数、3数、4数、5数、6数、7数、8数的人，分见前述。

9数与9数　你们拥有同样的人生观、价值观、信念，于是一拍即合，但是当你们都把时间花在实现自己的理想目标时，在一起的时间就会越来越少。然后大家就都觉得原来爱情并不是那么重要，随后就开始回想当初为什么要和对方在一起呢？这么耽误时间，干脆分手好了。

第十一章

熊孩子的童年时光

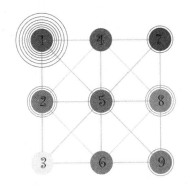

　　童年在人的一生中到底能占多大的比重？这是个足以写

出一整本论文的命题，太深层次的问题我没办法在这里和你

做过多的讨论，毕竟我不是权威。我只能郑重其事地对你

说，早期经历在个人成长过程中发挥的作用比你想象的要大

得多！

　　相当一部分成年人的心理健康问题都和童年的经历有着

密不可分的关系，这一点很好理解吧？

　　一个在充满正能量、有爱和赞赏家庭长大的孩子肯定要

比在满是否定、责骂的家庭成长起来的孩子更有自信、更宽

容且乐于分享。

　　佛洛依德相信一般人所说的"心里住着的孩子"，其实代

第十一章
熊孩子的童年时光

表的就是你不同阶段的童年经验。童年的每一次际遇都是你过去的经验积累，你的每一次无意识的决定其实都反映着过去成长的经验背景，反射出来的是我们的童年经验。

人生第一次被表扬、被责骂、被侮辱、被冤枉，都会深深地烙印在你的心底，不自觉地成为你与世界相处的参照。如果选择忽视童年的经历，我们就会把现下的自己视作理所当然，很多负面情绪会一而再再而三地影响自己今后的人生，最后形成一个走不出去的怪圈。佛洛依德早就已经做出过结论，人都有"重复历史"的冲动，并且会将自我固定在一个顽固的圈子里，比如"我就是这样了"或者"我这辈子都这么差劲，改不了"，以至于丧失改变生活的勇气。

所以，我这儿把一个专门的章节拿出来聚焦在与孩子相处的命题上，针对不同命数孩子的不同特点做分析，希望能让家长们参考，找到正确的方式去和孩子们沟通并且理解孩子们的行为，让孩子们从小树立起强大的自信，弥补自身的不足，说白了，希望能帮你在育儿的过程中少走弯路！

命数 1

你家的熊孩子绝对需要超多关注！

他们要被家人关注，取得他们的信任和依赖的难度简直堪比 007 大破天幕杀机……身为他们的父母，需要提示他们了解到自己的与众不同，制造一些惊喜——比如在节日送他一间看似超豪华超绚烂实则便宜到偷笑的环保玩具屋，或者请亲友穿上蝙蝠侠或者小熊维尼的套装在他生日那天空降现场——命数 1 的人可是从小就死要面子的。当你花了很多时间、创意和无限的爱来陪伴他们之后，恭喜你，你终于有机会和他心平气和地进行沟通了。

你的孩子是一个性格独立、以自我为中心的小狮子王，如果你总是忽略他或者只在他犯错误的时候站出来指责他，他绝对会给你展示典型的命数 1 的特质：独立。说白了就是谁的话他都不听，不服管教，各种问题层出不穷……但另一方面也说明了你的孩子是多么与众不同，他需要和你一起成长，给他自信，在他犹豫、害怕的时候鼓励他。你要学会引导他善用自己的领导力和创新力，最重要的一点是，你要教会他如何分享，诱导他，并说些诸如"你把苹果分给隔壁的王大明好不好？这样下次大明爸爸买的蜜瓜就会分给你吃了"之类的话，让他明白自私的结果就是孤独。所以，你不妨在他还小的时候给他养一只宠物，让他感到生活里并不是只有自己，还有别人需要他去照顾——别嫌麻烦，连弱小生命都不懂得去保护和尊重的话，你觉得他会在将来某一天嗖地一下长出同情心嘛？

家长命数为 1 如何与孩子相处？

深呼吸，然后再深呼吸，记住，你要冷静，你是成年人，你至少要做到冷静。

命数 2

你家的孩子就好像树袋熊，必须时时刻刻抱着大树才有安全感！千万别拿感情丰富当借口，就算感情丰富你好歹也得问问别人愿不愿意被他黏啊！他们生来就是被人拿来当宝贝宠的吗？就算嘴上不说内心也是依赖性强大到逆天。你家的小孩是最典型的群居动物，只有加入大群体才会有安全感和归属感，如果不想让他情感崩溃大哭不止，那么你最好提防以下这种情况在他身上出现——感到这世界上只剩下他自己！所以你得有意识地培养他的独立性，用鼓励和肯定来增强他的自信，告诉他已经有那么多的优点了，一定可以天不怕地不怕，然后再认真地和他说，什么时候你都在这里等着，等着他回来找你要安慰。当然，别以为他需要时刻依赖别人就是纯良平静的小天使了，他其实特别挑剔且喜欢批评，你以为他很难搞，其实只是因为他把太多注意力放到了细节上——这一点一定要当面表扬他，因为他会注意你忽略的东西。这样的小孩多半感情细腻且善变，你会发现你要取得他的信任就必须做出一副顺着他的样子，无论你内心有多想痛打他一顿。如果他哭了，最好的办法就是让他哭个够，实在挤不出眼泪的时候再问下为什么哭，让他知道你想了解每一个细节。切记，孩子说出了心里想的事之后你绝对不可以有任何负面表示，只有这样他才会在你的逐步引导之下开始学会自己做决定，学会独立。他们必须要学会独立，这一点没有商量，而且你要想办法让他懂得：第一，要有耐心；第二，总是批评别人的话，别人会不舒服，而弄不好还会挨揍。

251

家长命数为2如何与孩子相处？

你得把"原则"俩字写在自己的脑门上，然后时时刻刻提醒自己保持原则！

命数 3

你家小孩是个爱美并且理想化的小大人，经常给人一种阳光灿烂的感觉，你需要经常用肯定的语气告诉他，他的存在会给别人带来快乐，这样他就会越来越自信。数字 3 的小孩需要一定的"空间"来让思维发散，你完全通过艺术或者音乐方面的嗜好来鼓励他发挥自己的创造力。这类小孩子超级有主见，如果自己的创作得到别人的肯定，他就会变本加厉。他有一种让人觉得舒服愉快的特质，会把欢乐传给别人，也常被形容为"明亮"。他很小的时候就清楚地知道自己到底想要什么，比较恐怖的是天生就有非常强的理想主义倾向，而且当中大多数的理想都非常不切实际，但如果你以为当头棒喝就可以把他拉回到现实中来，那你就错了！你就让他沉浸在理想里，等到这个小娃娃想要实践自己的想法时，狠狠地鼓励他，放手让他多碰几次壁，长点经验，自己学会去总结，而不是被大人逼着现实。

你家小孩有点不好搞，因为你绝对不能批评他或者强迫他干某些事，比如弹钢琴，在你的高压之下，他有可能会乖乖地每天练上几小时。但是我敢保证背地里这个小东西一定在咬牙切齿地幻想有一天可以拿个大锤子把钢琴砸个稀巴烂，如果真的给他太大压力就会令他形成不健康的两面人格，一面天使，另一面则是诅咒你的小恶魔。所以，你最好花点时间陪着他做他感兴趣的事，并且持续地肯定他的创造力。一旦赢得了他的心，你就可以进一步启发他与生俱来的创造性和沟通天赋。你家孩子在穿衣服和挑选日用品的品位上有可能比你还高，别忌妒或者用遗传来解释，这是人家天生的，他所需要弄懂的事情只有一件，脚踏实地！只有勤奋和努力才是达成理想的惟一路径，让他学着接受别人的意见吧！

253

家长命数为3如何与孩子相处？

你认识熟练的裁缝师傅吗？不不不，不是让你做衣服，是想让你咨询他一下，看能不能给你的大嘴巴缝上个拉链。

命数 4

"你的小孩很踏实哦"这是老师们对你家孩子最常用的肯定。因为只要他们愿意，就可以很用功很专注，懂事得简直不像这个年龄阶段的孩子，没办法，这是 4 数小孩的天赋。当然，在玩电游、数蚂蚁上他一样可以很专注。你别去阻碍他，也别认为他是在浪费时间，你完全可以在他游戏之前就约定好时间，因为 4 数的小孩需要安全和稳定，而提前列出的时间表在他眼中就等同于一份安稳的生活。一旦他信任你并且遵守时间，你就可以和他讨论怎么样更合理地运用时间，要举例子，他才会真正明白。

4 数小孩固执起来会要了你的命，这表示他认为自身的安全感受到了威胁。比如电影里再婚家庭的小孩会抗拒新妈妈（爸爸），会不吃他们买的东西，不穿他们给的衣服，会甩脸、背后说坏话、破坏东西……总之是想方设法想把新来者赶走，这就是典型的固执起来的 4 数小孩。想改变他，你需要付出更多的耐心，最好辅佐以证据，时间长了他就会有所改变。

提醒一句，4 数小孩讨厌独处，你只要陪着他就会赢得他的心。

赢得这小东西的心之后，你就必须要帮助他认识到真正的安全感只能来自自身的强大，不要妄想从其他人或事上寻找，否则只能让自己失望。

家长命数为 4 如何与孩子相处?

你知道所有不肯变通的动物最后都只能在进化史上留下自己的化石吗? 再这样下去的话，博物馆化石区会给你预留个位子的。

255

命数 5

该说你家的小孩开朗好呢，还是善变好呢?

你家的小孩绝对招人喜欢，性格活泼外向，同样的，他也比其他小孩更需要自由，而且更容易感觉受到种种限制。

所以你想要教他学会遵守纪律，把握好尺度很关键，如果你觉得用强迫或者严格的规矩来管束会管用的话，那你就错了，他只会认为你自私，不关心他，然后就再也不喜欢你，不信任你。你得给他一定程度的自由，一定不要让他觉得你在处处限制他——这事说起来容易做起来难，因为这些熊孩子永远都会觉得"还不够自由"，你得想方设法引导他，让他从内心感到原来遵守纪律是一件很酷的事。

天生的机敏和小聪明会让他超级容易陷入麻烦的境地，比如误交损友、把惹事当义气等，你得花时间陪伴他，和他一起做他觉得有趣的事，能在短时间内拉近彼此的距离。5数的孩子很有主意，你得把他当作同龄人、朋友相处，征求他的意见。这样就可以收服小朋友的心了。

你的小孩非常善变，但是如果他信任你，你就会在第一时间内察觉到这种变化，和他亲密点没坏处，时不时聊聊天，交换彼此的小秘密，让他觉得你尊重他，于是他也会把自己的经历和想法告诉你。因为你家小孩很独立，所以他早早地就对所有事有一套自己的看法，你得学会尊重他的见解，否则就会遭遇他的反抗和抵触。他不会向你索取太多，比如需要你一直陪着不能离开什么的，完全不用！人家可以自己玩得很开心，包括在幼稚园和学校，他会和别人相处得很融洽，就好像天生的社交分子和政治家，不需要你去干预。沟通、正义感、影响力都是他们与生俱来的，你所能做的就是教会他信守诺言，坚持到底。

家长命数为5如何与孩子相处？

你在孩子面前至少得有点成年人的自觉吧？比如"保持稳定"这一项，沉稳一些没坏处的。

命数6

你家孩子简直就是敏感到好像对所有事情过敏一样，稍有风吹草动，他就能分辨出是谁、哪里不对劲，别惦记哄骗

他们，没用，他们一眼就能看穿你的内在，比如，你和他爸爸（妈妈）打得要死要活还在他面前装作没事人一样粉饰太平，但是过不了几天你就会得到幼稚园或者是学校老师的反馈，说你家小孩最近一段时间如何如何反常——有可能是学习，也有可能是行为。他会被需要"弥补"的人事吸引，比如他很喜欢和问题儿童交朋友，因为总觉得自己有义务和责任去帮助这些问题儿童，恨不得被卖了还帮人家开脱，最后落得一身伤。等到恢复过来，又会故态复萌。这点你改变不了他，胎里带的，你只能向他展示一些实例，让他自己衡量这种关系是否值得继续下去。

6 数的小孩看起来经不起恐吓，但是他会在听话的背后深深地怨恨你，严重的甚至会影响到他的自信。想接近这类孩子最好的办法就是你要时刻表现出感激他的协助，赞美他的天赋——尤其是他帮倒忙的时候，让他知道自己对别人多么好，对别人来说多么重要，这样你家的小孩就会自信心满满。

你家的孩子，唯一要学会的就是，在帮助别人之前，得先解决自己的问题。

§ 第十一章
§ 熊孩子的童年时光

家长命数为 6 如何与孩子相处？

你不是万年奶妈，你家的孩子也不是刚捞上岸的单细胞生物，吃喝拉撒喜怒哀乐都需要你帮助扶持，放手让孩子自己去尝试吧。

命数 7

你家的小孩很独特，聪明又独立，超级喜欢提问题。他做事会按部就班慢慢来，因为对于每一个步骤他都有自己的想法，你不能催促他，要尊重他自己的安排，况且他做决定确实有点慢，遇见复杂的事更是如此，你得帮助他了解目前的情况，把问题简化，提醒他不用顾虑太多，好让他顺利做出选择。在所有数字小孩里面，你家的孩子最能接受批评——只要你的观点合理。同时他也会提出自己的问题，问题的种类包罗万象，包括为什么自己没有达到你的标准，你为什么

259

制定这样的标准等等，他有可能会一个问题接一个问题。你不能生气，应该以诚相待，耐心地解释给他听，他会更理解你的批评。

你会发现你家小孩情绪波动蛮大的，想独处的时候你最好瞬间消失；一旦需要你的安慰，你最好马上出现并且投以20万分的关怀，否则就会招致记恨。要是你对他管得太多，同样会造成他的反抗，你得自己掌握这中间的"度"，既要耐心宽容，又要适度批评指正，只要他觉得对自己有好处，就会愈加信任你依赖你。他被称为是幸运的小孩，很容易受到其他小朋友的欢迎，这也容易造成他的懒惰，因为总会有人帮他渡过难关。你得告诉他，天上不会掉一辈子的馅儿饼，还是自己会做馅儿饼比较靠谱。鼓励他用功学习，发挥自己分析、关注细节方面的天赋。他需要学习的是怎么样做决定，并接受随之而来的后果——即便不是自己想要的，把问题扔给他，让他自己思考。

家长命数为 7 如何与孩子相处？

麻烦在你孤傲、冷艳的时候抽空想一下，站在你面前的这个生物，只是一个孩子，你就不能稍微克服一下自己的冷漠？

命数 8

你家小孩很善良，不愿意伤害别人，会为了让对方开心而改变自己的行为，就算这种改变对自己来说很为难也愿意尝试。他很独立，但不代表他不喜欢亲近你，当你给他过多压力的时候，他也会反抗，他有领导的天赋，你需要帮助他理清自己对事情的真实看法，诚实面对自己。你家小孩在面对很多关键性的选择时可能会很困惑，因为他常常不知道自己想要什么，想到最后蹦出俩字来——赚钱……所谓钱串子的绰号就是这么来的，其实他想说的是自己当老板，可是成

功的企业家往往都会积累大量的经验，这些经验需要你的小孩发挥自己的天赋，去探索、思考，自己寻找机会。

命数8的孩子想让别人快乐，但有的时候结果会不尽如人意，但他又闷在心里不愿意说，弄得自己很难过，别人还一头雾水。这种闷葫芦的性格有时候会限制了他的表现，你得学会询问他的真实感受，就算他不说，你也得用间谍般的敏锐去探查，但是记住不要用批评等严厉粗暴的手段，小心他翻脸。你得帮助你的小孩学会诚实面对自己，表达自己真正的感受和需要。命数8的孩子会因为种种原因选择说谎，这个应该从小重视。

家长命数为8如何与孩子相处？

你对待孩子的态度其实挺好的，生平只管孩子两件事：这事也管，那事也管……拜托，小孩不是你的连线木偶，放弃控制，让孩子自己选择吧！

命数 9

你家小孩乐于助人，看到别人高兴自己就跟着开心，小天使一个，他们会为了让你高兴而想尽办法，有可能会很蠢，但是别笑话或是阻止他，你要做的就是表扬他，让他知道你以他为骄傲，然后教他怎样帮助别人而不会被利用。你家小孩成天生活在梦想里，看起来有不切实际的苗头，如果此时你站出来晓之以理动之以情地告诉他你的理想多么不靠谱，那就完了，你绝对会成为他黑名单上的头一个。聪明点，鼓励他保有自己的想法，并且想尽办法帮助他实现。一旦他觉得你是挚友，就教他如何调整梦想的方向——往靠谱的方向。比如，想当超人，就从做一个懂规矩的孩子开始，想当大富翁，就从节省每一分钱开始，引导他。你的孩子需要明白一个道理，有了目标，就得坚持下去，不能因为前进的脚步受阻而放弃。

家长命数为 9 如何与孩子相处？

你的孩子是真实的、有血有肉的，不是生活在你想象中的那个影子，你得学会接受他的一切，面对现实吧！

如何与不同命数相处

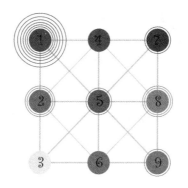

命数 1 容易导致冲突的要点

● 我明白你想做到最高标准的决心，但是一旦出差错就破口大骂，瞬间就否定承诺的行为是不是有点太过啊？

● 只要你还坚持"一切以我为中心"，那么你就会发现，你的周围真的除了中心就只剩下你自己了。

● 该放下身段的时候就委屈自己一下吧，"所有问题都自己扛"通常不会有什么好结局。

● 你老觉得自己应该处处比人强，非和说相声的比打网球，和打网球的比跳舞，和跳舞的比说相声，你怎么不想想万一哪天你真碰上一个又会打网球又会跳舞的德云社子弟你该如何是好啊?

● 知道你过得不好,我就放心了……这活生生就是你心底的声音啊! 难道你的优越感全部都来自别人的失误和短处吗? 难道看见别人的长处不忌妒你就会死吗? 成熟些吧!

● 你对别人的说教简直如滔滔江水连绵不绝,拜托,你的大道理乏味又没有重点,还非要按着别人一直听一直听,不听你又不高兴。

● 看不起配角的主角都是浮云,你当浮云的时间明显多了那么一点。

267

面对命数 1 的沟通要点:

把他们当成俄国末代王室去对待吧,事多,但是严重缺乏自信,需要你全心关注。

让他们知道,他们个人能从你当下和他聊的这件事中得到什么好处。

事情尽量单纯处之，不妨加入一点戏剧效果。

他们讨厌那些需要小心维护的情况。

命数 2 容易导致冲突的要点

● 我知道你有风度有修养，与人为善一团和气，但是该拒绝的不拒绝，该说不的不敢说，你是好脾气还是大怂包啊？

● 人活着不是为了"别人怎么看我"好吗？你能不能别老一天到晚琢磨分析别人对你的态度，搞得自己心情不好还时不时给周围的人找茬——潜台词是都是你们的错才搞得我不开心！你这种行为说不好听叫做没事找事！

● 你注重细节没问题，但是把所有聪明都用到了细节上会有大发展才有鬼，没影儿的事都能被你妄想出一堆乱七八糟的让自己害怕。

● 别人帮你是义气，不帮你也是应该，你依赖惯了之后是不是觉得大家都欠你的？不帮你就是没有人性？

● 拜托你自己有点主见好不好，不要遇到点问题就直接往后退，能不能站出来说一次"我认为应该……"而别老是"你们看这样可以么"，那样会显得很没自信。而且别人帮你做主了吧，你竟然还想让别人因此感谢你，否则就各种画小人诅咒人家，你的智力难道还停留在3岁的标准吗？明明是你没有主导的能力好不好？

● 你好好回想一下，你到底把多少宝贵的时间浪费在回忆"王小明曾经在十多年前插队站在我前面耀武扬威地买了最后一个面包圈"这种小事上，你现在还要为你的一事无成找借口吗？

● 虚荣肤浅和品位清高就那么一线之隔，问题是你经常站错队。

269

面对命数2的沟通要点：

把他们当成受雇来在你集团旗下做生意的子公司CEO。

对于他们的"默默支持"表示由衷感谢。

他们不相信天下有简单的事。

他们需要稍多的时间把事情解释清楚。

他们喜欢万事万物妥善协调安排，所以切忌毫无章法胡乱行事。

超级在意价格，不要给他们机会谈价。

命数3容易导致冲突的要点

● 你这人吧，没什么太大的缺点，除了自以为是、说话不过脑子、神经大条兼健忘、卖弄、不听别人说话之外。

● 谁没有心情不好的时候啊？凭什么就你情绪不好的时候看什么都不顺眼，你顽固敏感，那好，自己找地方发泄去吧，干什么动不动就找旁人的事而且得理不饶人啊？

● 你幽默又健谈，这点给你能加不少分，和人沟通这是好事，头脑灵活证明你会聊天，但只顾自己说不听别人说，还动不动就随便打断别人说话就很让人烦了，长此以往你会发现大家都会挂着友善的笑容避开你。

● 你说你，明明自己心里觉得自己就是个笨蛋，偏偏面子上摆出来是一派乐观自信，骗的是别人还是你自己？想和大家打成一片，可是说到自己就拼命转话题，这样行事还号称希望被大家理解？你说你做作不做作？

● 你其实性格挺直爽的，因为单纯的人总是招人喜欢，但问题是你得真实点，你总是一身的做作，就算再聪明也是白搭！

面对命数3的沟通要点：

他们是你万分想打屁股但却又不能真的动手的熊孩子。要倾听他唠叨他想要的，并至少满足他一部分。

永远不要批评他们！先告诉他们能得到自己想要的东西，然后再解释为什么他的做法行不通，而你这样就可以。

他们会相信那些听起来好到不能再好，甚至好得不真实的东西。

他们在乎别人的看法。形象是一切，通常他们喜欢研究和追随当季的时尚流行。

只要是他们看重的东西，价格就完全不在考虑范围内，所以管好他们的视线。

命数 4容易导致冲突的要点

● 知道你安全感低，但你可不可以不要在面对改变的时候第一反应就是冷脸、抗拒，不屑、诋毁？

● 你是不是觉得这世间除了"规矩"之外就没别的了？你知不知道很多东西都是打破规矩之后才突飞猛进的？

● 钱、权这种东西不是越多越大就越有安全感的，你知道小三被人揍，贪官被人抓的道理吗？

● 你的朋友有自己的标准，别拿你的标准来衡量人家。吹毛求疵唠唠叨叨，你是人家什么人？

● 人家给你提意见是指出你的不足，不是提着刀要杀你，你能不能别一副"你有病我没病"的态度，心胸开阔点好不好？

● 有没有人说过你不会聊天？你绝对是话题终结者，夸人都像是骂人，更别提你压根没想夸人，你说话委婉点不行吗？

● 你觉得自己是完美主义，其实你就是一小家子气的铁公鸡加自私鬼。

面对命数 4 的沟通要点：

把他们当成历劫重生的人。

让他们知道为什么事情会有所改变。

运用充足的大量的证据来说明你自己的看法。

不要妄想转移主题来糊弄他们。

273

命数 5容易导致冲突的要点

● 你不是名人，所以不要整天自以为大家非常关心你的一举一动好吗？

● 你不要表面上与人为善暗地里苛刻挑剔好吗？你人格分裂吗？

● 拜托，在说走就走之前稍微考虑一下别人的心情？你以为周围就你一个是活人吗？

● 这世界上并不只有"你喜欢"和"你不喜欢"两种事，你可以考虑再加入两个选项，叫做"你应该做的"和"你不应该做的"，"己所不欲，勿施于人"的意思你懂吧？

● 你对压力的定义太广泛了吧？关心你是压力，督促你是压力，冷漠是压力，热情还是压力……求求你告诉我什么不是压力？

● 你知不知道"人很善良"和"不懂拒绝"是两个概念，

宁可给自己找麻烦也不好意思说不，你累不累啊？

● 为了争辩而争辩，为了说服而说服，你不逞口舌之快会死吗？

面对命数5的沟通要点：

把他们当成刚刚从爪哇国来的人。

永远不要逼他们做出承诺，除非让他们知道自己可以因为做出承诺而拥有更多选择。

绝对不要限制、强迫他们，想都不要想。

随时向他们提供新奇有趣的事物。

同他们一起嫉恶如仇。

命数6容易导致冲突的要点：

● 别再说自己是圣母大善人，真正的圣人付出不求回报，可是你要！

● 你人缘好朋友遍天下管什么用？找出一个能交心的，可以真正批评你的出来我看看！

● 不管不顾、信口承诺的后果就是事没办成，朋友也没了！

● 你用奉献换取爱，就是虚伪！别再标榜自己真诚！

● 你心里不平衡是因为你觉得人家爱得比你少，所以你就是个唠叨鬼，时刻反复强调自己多么无私——快打住吧，让人烦。

● 你带有索取意味的奉献，会惹一身埋怨和伤害，这怪不得别人。

276

面对命数6的沟通要点：

把他们当成圣人在世。

他们必须时刻感觉被需要。

他们关心别人更胜于关心自己。

他们需要得到关注与尊重。

让他们感觉你是真心感激他们的付出。

时刻牢记他们比你能干，就算不是这样也请这样认为。

命数 7容易导致冲突的要点：

● 你觉得自己和所有人不一样，不属于任何一个圈子，他们都不如你。

● 你有优越感是你的事，但是把其他人当脑残就是你的不对了。

● 知道你喜欢追根究底，但是很多事就算追问到最后也是你不喜欢的答案，何苦浪费时间呢？

● 学会说"事情可能是这样"，别老说"事情就是这个样"，招人烦。

● 你需要空间请明说，别摆出一副臭脸死瞪着人家，好像人家欠你多少钱。

● 你要是不喜欢人家别搭理就好，冷嘲热讽是打算干什么？

● 就算是你不喜欢的人，身上也会有很多闪光点。

● 你傲慢地看待世人，世人也会傲慢地看待你，别再抱怨自己孤独了，那是自找的。

面对命数 7 的沟通要点：

把他们当成必须在期限之前结案的侦探。

他们必须知道所有细节，而疑问也必须得到回复。

他们必须确认他们掌控着全局。

等他们自己做出决定，强迫、催促都是白搭。

命数 8 容易导致冲突的要点：

● 你只对有潜力的人感兴趣，你只对有好处的事上心。

● 你装得比较好，人家都以为你没脾气，其实只是因为他们没惹到你。

● 你想成为什么样的人就会和什么样的人去交往，看你周围的人就知道你的分量了。

- 你就算要饭也得是乞丐里气质最好、最大气的那个。

- 就算你隐藏得再巧妙、再平易近人，你也还是阴险的。

- 俗气、吝啬、盲目跟风追名牌，撒谎精、利用别人。

- 为了钱和地位，自尊在你那里什么都算不上。

面对命数 8 的沟通要点：

把他们当做一个表面一切如常，其实马上要被银行冻结资产的悲催老板。

形象对他们来说很重要。

指出未来发展的前景。

说出"不"可不见得是为了拒绝，或许是用来谈判的工具。

命数 9容易导致冲突的要点：

● 你看起来对谁都热心肠，其实才不是，你是典型的看人下菜碟。

● 你讨厌争执，讨厌所有看起来很做作、爱显摆的人。

● 你就是个处事淡漠、宁可自己在家的死宅。

● 你对别人要求不多，那是因为你漫不经心。

● 你谁都不靠，也不让别人依靠你，因为你靠不住。

● 你没主见，动不动就被人乱了自己的阵脚，话都不会说了。

● 你胆小，打不过别人、说不过别人的第一反应是扭头就跑。

● 梦想家就算了还是死硬派，完全听不进去务实的建议。

● 谁批评跟谁急。

面对命数 9 的沟通要点：

当他们是上天派下来的传教士。

不要批评他们的想法或计划，试试换一种正面轻松的表达方式。

用轻松的方式与他们讨论问题，切记不要过于严肃。

找出他们的梦想所在，并且扩大它。

第十三章

不同命数的人适合哪些工作

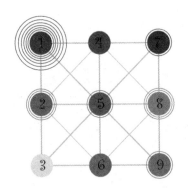

命数 1

艺术家、发明家、企业家、医生、个人工作室老板、军队领导、企业高层、运动员……总之 1 适合所有可以体现出你闪光的领袖气质的职业。

命数 2

2 最适合合作或者研究之类的工作，比如侦探、艺术收藏、写作、护理人员、设计师、人力资源、律师、演员。

命数 3

3 数人是长袖善舞的花蝴蝶，外貌党，天生的聊天机器，在从事创意类的工作时最开心。凡是需要运用沟通技巧及创造力的工作，无论是与人共事还是独立作业，都很合适。包括：音乐人、演员、企业家、时尚评论员、艺术家、人事主管、公关、设计师、广告人。

命数 4

4 数人能与别人愉快合作，最适合讲规矩、有条理且不会轻易改变的行业，比如：金融、会计、工程机械、软件工程、研究调查等。

命数 5

你口齿伶俐、幽默，很招人喜欢，天生有种让人亲近的冲动，而且工作最好不用坐班，相对灵活变通。你适合的行业与职业包括：旅游业、娱乐业、独立工作室、业务员、记者、媒体和公关、设计师、艺术工作者等。

命数 6

你可以和别人合作愉快并且爱意满满，所以你适合的职业包括：医生、心理咨询师、咨询顾问、作曲家、传教士、哲学家、教师等。

命数 7

你最适合需要脑力劳动且能和大家保持一定距离的工

作，比如：研究调查者、工程师、计算机业、医生、哲学家、侦探及律师。

命数 8

适合 8 数人这种对市场敏锐，能屈能伸特质的人的行业和领域包括：银行金融业、演艺娱乐业、研发类、娱乐经纪、艺术界、企业界、政治界。

命数 9

9 数人能和他人愉快共事，适合的职业包括：记者、护士或医生、哲学家、作家、神职人员以及任何与保护动物有关的职业。

第十四章

看命数知健康

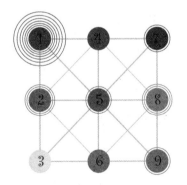

命数 1

急性肠胃问题、极胖或极瘦。

因为是领头人的胚子，所以一般都是属于拿主意或者领导大家的人，性子比较急躁，特别容易着急上火，在这种情况下，消化系统特别爱站出来捣乱，你得学会遇事不慌。你的身体状况和你的独立性息息相关，越独立，身体越好。如果一群人缠着你要你帮他们干这干那，那你的健康绝对一路下滑，因为你不开心。可你的矛盾之处就在于，等到别人真的不搭理你了，你又会因为寂寞而难受。你简直超级难伺候啊，其中微妙的距离，还需要你自己去掌握，去学习当一只快乐的刺猬吧！

命数 2

对称器官不大好，如眼、鼻、肾、乳房。

对于 2 来说，有人爱，有人依赖就会精神焕发，但是如果感到孤独或者是被逼迫着要当家做主，健康就会出问题。因此，你要想长命百岁，最好让自己属于一个群体，并且学会理解"独立"两个字的真正含义，因为无论多好的脾气在你那样的黏人、依赖之后都会被消磨殆尽。独立，是你健康的关键！

命数 3

睡眠不好，头晕、头痛、耳鸣。

只要你的理想有能够实现的可能，你就健康得不得了，

假如不是这样，健康就会变糟。而最坏的状况就是，当 3 发现他的恋人和理想正好是相冲突的，他们就会陷入无休止的扪心自问——"理想的恋人也是理想的一部分啊，这让我怎么舍弃？"最后纠结一辈子。

命数 4

容易忧郁。

这么说吧，只要你找到一个可信赖的伴侣、一份稳定的工作，你就会健康无比。可是事实会证明，这世界上没什么东西能一成不变，为了你自己的健康着想，你必须学会从自己身上寻找安全感，自信点吧！

命数 5

呼吸系统功能差、支气管问题，2 和 5 有两圈以上表示有慢性鼻炎倾向。

简而言之，你拥有的自由越多，身体越健康，一旦你发现自己被限制了，健康就会急转直下，可是找回自由是需要极大的勇气的。怎么办呢？坦率一点儿，面对伴侣诚实地表达心中所想，不敢？就等着当病秧子吧。

命数 6

肩、背或脖子酸痛，注意腰椎、颈椎。

当你忙于照顾人时，健康不会有什么大问题，然而当你得不到别人的感激和回报而自己又付出太多时，你就会身心俱疲。与其这样，真不如先照顾好自己的需求，你自己平衡了，什么事情都能迎刃而解。让你健康的最好方式，就是离开那些占你便宜没够且不懂感激的"吸血鬼"。

命数 7

女性朋友得注意下经前综合症，无论男女，时常关注下乳腺。

当环境不允许你质疑或者分析的时候，身体就会出问题，一旦有需要研究、探讨的事物出现时，你立刻就会神采奕奕，假如想健康长寿，你就得选对职业。

命数 8

糖尿病是你最大的潜在敌人。

你的健康是和事业挂钩的，别管是你的或是别人的，只要你参与其中并且发现这个事情大有潜力，就会精神焕发。但是，只要你发现付出毫无收获或者别人不听你指挥，身体就会完蛋，尤其当你把什么事情都憋在心里或者正在使用见不得人的手段时，所以，为了你自己你也得诚实起来。

命数 9

你得防范下心脑血管的症状。

你的健康和你追求梦想的脚步息息相关，当你奉献爱心并获得回报，然后坚信自己一定能作出更大贡献的时候，你的健康指数会节节升高，一旦梦想受阻、受骗、被利用，付出没有回报，就容易郁郁寡欢。你得忠实地听从自己的内心，找到坚持的理由，为自己而活。

专属色彩与缺失的能量

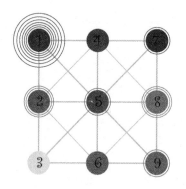

第十五章
专属色彩与缺失的能量

第一节
每个数字的专属颜色

赤	橙	黄	绿	青	蓝	紫	金	银
1	2	3	4	5	6	7	8	9

第二节

如何补充缺失的能量

命数 1

当你需要给自己找点新点子、灵感或者急需做决策时可以试试下面的办法：

你的颜色：红色

红色是彩虹的第一色，代表活力和冲动，在找工作、谈生意、寻找情人时不妨多用包括粉红色在内的各种或深或浅的红色来提升精力。

适合的造型要点：

独特！说白了就是打扮得和别人不一样就好啦！你的风格就是不走寻常路，衣服、配饰、鞋帽大胆穿出自己的特色吧！切忌和现在烂大街的所谓"时尚达人"一样穿，更不要信街牌的限量款，走大街上买个奶茶能碰见四五个撞衫的，多掉粉啊，做你自己就行了。

命数 2

当你需要改善人际关系、想协调好事情找门路、想写作或者想赢得恋情时可以试试。

你的颜色：橙色

橙色是彩虹的第二色，想合群？用橙色。

适合的造型要点：

只要颜色形式搭配就可以，不需要太标新立异。最好是看起来像花了不少钱和时间才做出的搭配——当然你不可能会真的花那么多钱和时间。

命数 3

想发挥创意，协助公关事务、促销或者是确认自己的真正梦想，你可以试试：

你的颜色：黄色

黄色是彩虹的第三色，也是太阳的颜色。黄色让人觉得乐观并带动大脑活动。想要发挥创意的时候，穿上黄色很有用。假如你要促销一些大众商品，黄色有助于刺激顾客的购买欲。

适合的造型要点：

当季流行如果你钱包还算鼓，身材也还说得过去，长得不算太让自己难堪，那么照杂志里的模特打扮就对了。

命数 4

当你需要建立安全感，需要安稳，需要从混乱中理清条理的时候，你可以试试：

你的颜色：绿色

绿色是彩虹的第四色，是植物的颜色，代表健康与成长。外科医生进入手术房穿绿色手术袍，让人觉得有信心和安全感。很多社会工作组织选用绿色，有些国家也用绿色来传达出万事 OK 的信息。

适合的造型要点：

国际企业对员工着装的要求，你照搬就好了——规矩、整洁、合体。

命数 5

当你需要演讲、冲销售业绩、争取自己的权益时：

你的颜色：蓝色

蓝色是彩虹的第五色，让人有开朗、无限、自在的感觉。假如你想让别人觉得可以从你身上学习到东西，就穿蓝色吧。

适合的造型要点：

有品位不浮夸，好看而不夸张，不刻意引起注目，类似大多数政治人物和电影明星的日常穿着就很好。

命数 6

当你希望为别人解决问题、修理东西、承担责任，希望人家说你是个好人时你可以试试：

你的颜色：靛青色

靛青色是彩虹的第六色，它自带高贵的气质以及绝对的权力和责任。如果希望别人觉得你可以承担责任并值得信赖，那就穿上靛青色吧。

适合的造型要点：

实用而自然的风格。用自然材质制成的，休闲、耐脏的衣服就是 6 数的风格。

命数 7

当你需要深入调查、做决定，想祈求幸运之神、查明真相时：

你的颜色：紫色

紫色是彩虹的最后一色，也是人类肉眼所能见到频率最高的颜色。很多宗教学者或心灵导师认为，紫色代表人与神的连接。穿上紫色，可以立刻引起注意，也会带来好运。

适合的造型要点：

注重细节质量与做工，想想爵士乐手和疯狂科学家都怎么穿衣服的？

命数 8

当你想成为领导人、处理重大问题、寻找潜力股时：

你的颜色：金色

金色被看成是智慧和权力的象征色，因此，金色的服装和珠宝首饰就传达出成功的气息和成长的契机。

适合的造型要点：

看起来有钱的装扮。从衣服到袜子到包到座驾，非名牌不穿，非名牌不用，总之，你得一眼让别人看出来你的实力，而且让别人知道你是懂得如何赚钱的。

命数 9

当你需要给别人快乐、发挥人道精神、超脱世俗、创造
梦想时不妨试试：

你的颜色：白色

白色含有包容的力量，医护人员都穿白衣，宗教领袖们很
多穿白袍是有原因的，因为白色可以让人感受到干净、纯洁、
信任。

适合的造型要点：

有舞台气息的服装。既引人注目，又传达某种信息，9 数
的服装绝对不可以无聊沉闷，要标榜明确的自我，不妨大胆
引领一下潮流吧。

第十六章

一句话人生指南

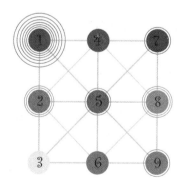

命数 1

求求你收起自大吧，虚心点出不了人命，回去把"人外有人，山外有山"八个大字纹在后背上吧！

命数 2

不和别人玩暧昧行吗？别"花"得不得了还老摆出一副受害者的姿态。

命数 3

时刻管住嘴!

命数 4

改变一下不会死!

命数 5

不嘚瑟会死吗?

命数 6

没了你地球还是会转的!

命数 7

别以为除了你之外大家都是傻子。

命数 8

没有了虚荣心你还剩下什么?

命数 9

世界上没有零缺点的人，认清现实吧。